星際傳訊STU11105

果克星★驚驗之旅

張祥前◆著

進入超科技的外星眞實經歷

果克星人的時空奧秘都在時空冰箱裡——

$$(\vec{c}-\vec{v})\frac{dm}{dt}=\vec{F}$$

首次公開：飛碟動力學公式/飛碟製造過程

這地球人是從家中被帶走，穿越宇宙，來到了一個全新的星球，他探索了科技奇觀，發現了許多神秘不爲人知的事物。這段經歷不但讓他從一個的普通人，變成一個物理學天才！並且改變了他對宇宙的看法！跟隨作者的腳步，一起踏上這場神秘的果克星球之旅！

目次

推薦序一　我與張祥前的空中對話

曾經擔任中國ＵＦＯ學會副理事長、世界華人ＵＦＯ聯合會副理事長二十多年的我，當然知道安徽的張祥前，他是文化水準不高的農民，目前在做電焊工，從來不出遠門。

在此我就以「京津冀飛碟探索中心」微信群的若干對話讓大家參考：

二〇一八年二月二十八日，中心主任馬教授（我與她認識四十多年，稱她為馬二姐）說：「張祥前，可以告訴我，有人要支援雇用你繼續搞你的外星科研，給你工資，甚至於你的另一半也可以安排工作，你為何不同意呢？什麼原因，可以說說嗎？我們希望有關方面包括個人和單位能多多支援你的探索啊！」

張祥前回復：「沒有人要雇用我。曾經有軍方想雇我搞研究，但是他們領導要中科院專家鑒定我的理論，結果中科院專家極力貶低我。」又說：「其實有大學畢業的人和我交流，半個小時就能夠知道這些理論是非常可靠。官方來的人一味斥責我，一味的否定我，沒有人認真的用數學推算。」

馬教授點名了我：「呂應鐘教授，希望你能發表你的獨特見解和主張。群裡有人認為張祥前的理論超前，實踐沒有，表示很遺憾。但此刻更希望聽聽你的見解，你也是大家認同的飛碟探索先行者，對大陸這方面的探索起了很大的作用，很希望聽你在此群發聲。」

既然被點名了，次日我便發言如下：「看到馬老師要我在這個群作些發言，我就將我的一些感想說一說。很多人把當今的地球科學當作是衡量宇宙一切的標準，並且要驗證，在邏輯上，這是最大的錯誤。就如同你叫狗族用他們的科學方法，印證人類的科技，這真是荒唐的思維。

「簡單的想想，二十年前有哪一位科學家能夠說出當今智能手機的各種理論以及驗證？如果在二十年前，你對全世界最偉大的科學家說，未來的手機可以取代電話、攝影機、照相機、又可以看電影、交友、玩遊戲等等。那位偉大的科學家會對你說，請你提出理論以及驗證，如果都提不出來就是偽科學。如今呢？這樣的手機現在每個人天天都在用。

「今天每個人用的筆記型電腦功能超過ＩＢＭ公司幾十年前的第一部電腦，那部電腦的體積要放在整個房間裡頭，功能比今天的筆記本還要差。當年發明電腦的科學家，能夠想像幾十年後的現在筆電功能嗎？

「二十一世紀是一個心靈科學的世紀，請不要用唯物科學的落後教科書的觀點，來質疑超前的思維。要用包容的態度，寬廣的心胸來接納超前的思維，人類才會進步。

「我看到少數人用當今的科學僵化觀點來質問張祥前，我就不屑的搖頭，根本不看這樣的言論，太落伍了，太僵化了，這樣的思維如何來研究宇宙的東西？外星人看人類，說不定就如同我們看地上的螞蟻一般。請問螞蟻的科學家如何來理解人類的科技？所以人類的科學家同樣也無法瞭解外星人的科技。三維空間的人類如何瞭解四維、五維、六維等的存在呢？所以，請大家想想。」

次日我又說：「馬老師要我今天再說說，我就再跟各位談一談吧。有些人口口聲聲要科學，要講證據。這樣就具備科學精神了嗎？錯了。

「我先舉一個科學史上的實例，在一六七四年以前，所有的地球人根本不知道細菌的存在，如果當時有個超前思維的人說『水裡頭有小到肉眼看不到的微生物』，一定會被當時的科學家批判為沒有科學證據，妖言惑眾。

「但是當年荷蘭人列文虎克發明了高倍顯微鏡，觀察到雨水井水存有很多肉眼看不到的微小生物，從此奠定了細菌學的基礎。然而重點問題是：細菌不知在地球上存在幾十億年了。只是人類從來不知道他們的存在，難道要說人類用顯微鏡觀察到細菌，從此才有細菌嗎？沒有發現細菌之前，它們就不存在嗎？細菌的存在需要人類來幫它們證明嗎？

「一個蘋果掉落在牛頓頭上的故事，大家都知道。從此牛頓研究並提出了萬有引力的理論，人類才知道地球是有引力的。但是我要問：從那一天開始，科學『證明』了地球有引力，所以地球才開始有引力嗎？不是的，從地球誕生時就有引力，只是人類不知道而已。難道說地心引力需要人類的科學來證明，它才存在嗎？

「如果要我一一舉出科學史上的事例，那太多了，有機會我們在北京見面，歡迎大家用文明的態度來深入探討。」

大陸中國科學院的「專家」當然要極力貶低張祥前，因為「農民」張祥前寫出的很多理論是「專家」寫不出來的，例如：宇宙的構成和統一場論基本原理、基本物理概念和匯出物理概念、如何描述空間本身的運動？宇宙中物體和空間為什麼要運動？幾何對稱性等價於物理守恆性、運動的描述不能夠脫離觀測者、空間為什麼是三維的？時間的物理定義、三維螺旋時空方程、推導出光速和光源速度之間的函數關係、對洛倫茨變換和光速不變的解釋、解釋牛頓三大定理、解釋開普勒定理、統一場論真空靜態引力場方程……等等，太多了。不要說每一項裡面的內容，光是這些題目就不是兩岸所有物理學家能寫出來的。

其中最讓我驚奇的是「張農民」竟然能在多年前提出「空間可以無限存儲資訊」與「物體品質的疊加」，太精彩了，「空間可以無限存儲資訊」就是古印度的「阿卡西紀錄」，也是佛經的「阿賴耶識」，我要進一步說就是「宇宙大數據庫」，是心理學家榮格所說的「集體無意識」。

「物體品質的疊加」，在當今量子時代，已經有了「量子疊加態」理論，科學界解釋：「假若一個量子系統的量子態可以是幾種不同量子態中的任意一種，則它們的歸一化線性組合也可以是其量子態。稱這線性組合為疊加態。」相信這一般說明保證大家看不懂。

簡單的舉例，如果我們把一隻貓關進一個密閉的盒子，用槍對盒子射擊，我們無法知道這隻貓究竟是死還是活。在量子力學中，我們便把這隻貓所處的狀態稱為死與活的疊加狀態。

一位農民水平的人，能夠寫出這麼多超前科學的理論。任何人要怎麼想，那是你們的自由。我，就是絕對的相信，地球人在宇宙中極為眇小與低等，不要夜郎自大呀！不要如井底之蛙呀！

後註：二〇一八年三月二十四、二十五日我在北京做了五場專題演講，將近百人蒞臨：

24日下午：主題一：回顧與前瞻——從科學史誤觀反省現代人對UFO的看法

主題二：宇宙的傳訊——老子從雲端告訴我他的文字思想真相

25日上午：主題三：物質與能量——從唯物主觀到心物合一的量子時代

主題四：聖經與外星——用外星角度重新解讀聖經的真相

25日下午：主題五：靈心身醫學——新世代超完美靈心身健康的實踐

主題六：全員腦洞大開後的熱烈互動

呂應鐘（世界華人UFO聯合會副理事長）

推薦序二　天地山河，唯心所造乎？

題辭：

"The distinction between past, present and future is only an illusion, however persistent."

~Albert Einstein (1879-1955)~

超常（指科學無法解釋）經驗，可遇而不可求。跟地外文明接觸，所產生壓倒性的震撼，可能使人無法承受，甚至會讓咱們重新做人。幽浮與外星生物，跟喵星人一樣，新鮮感歷久不衰，誠屬不可思議。因喜新厭舊乃人與生俱來的天性，即使是擁有西施之容，潘安之貌，看久了也會看膩。

人是天使和魔鬼的複合體，居心叵測，製造種族和性別歧視者，挑動人性深處非理性的基因，如蟄伏許久的病毒，在免疫力下降的有利條件之下復活。「惡之根」、「根本惡」，如何斬草除根？

午夜夢迴，周遭的景緻，是真是假，撲朔迷離。科學與科幻，何者真實？「萬事到頭一場空」，但特殊的體驗，活潑鮮明，猶如昨日才發生。回首歷盡滄桑的往事，時間的排序常呈現前後混淆的狀態，必須經由比對，縱軸的次序才能定位。

在不同的空間之中，時間流動的速度相異，如在埃及的金字塔內，在百慕達三角潛水，身處深山裡，某些時空錯亂的景象，猶如轉換到另一時空，實在匪夷所思。看不見、聞不到、摸不著的時間，藉何種媒介傳送？在「萬物終有一死」的網羅之中，足以證明時間確實存在。在感官功能之外，另有多重宇宙（含靈界）存在，而「類人類」無奇不有，必須要先做好心理準備。

過去是虛，未來是幻，命理哲學之所以歷久不衰，大受歡迎，在吾人面對渺不可知的未來，既不安又恐懼，使神棍橫行，蒼生蒙難。平行宇宙概念，已深入人心，截至目前為止，從未聽聞地外文明有算命諸般情事，一則彼等根本不會死亡（可能是機器人或生化人），二則仍隱藏巨大的奧秘，尚待挖掘。

中國歷代所累積的成語，可謂是華夏文化數千年的結晶，而其指涉的內涵，應隨時代的變遷作適度的修正。如：驚為天人→邂逅外星人，天人合一→跟外星人送作堆，天人永隔→被外星人始亂終棄，kuso版的詮釋，除了為搏君一笑之外，理應嚴肅思考，老祖宗創造這些成語的時空背景，或許會有嶄新的發現。

唯物論者視超自然現象是怪力亂神的幻覺，精神科醫師將著魔（中邪，obsession）當作自我暗示的心理作用，卻無法解釋輪迴的個案。「萬般帶不走，唯有業隨身」，血緣關係具有決定性的影響力。曾跟外星生物打交道者發現，部分星球也有宗教信仰，只是未言及眾神的聖名。「放諸四海而皆準」的唯一指標，至今尚殘存多少？

全球現存各大宗教的創教者，以耶穌的爭議性最大，從歷史上到底有無這號人物，到《耶穌是人還是神》（書名），至今仍眾說紛紜。依據《新約全書》有限的史料顯示，耶穌曾失蹤18年（12—30歲），可能去過印度和西藏。基督教的信仰，奠基於其復活（Resurrection）神蹟上，而復活思想源自古埃及，尚有其他高僧也曾復活，即復活乙事，並非是耶穌的專利。或云耶穌是來自擁有高度文明的星球，投胎於聖母瑪利亞之身，豈料卻死在自己的同胞手中。一如佛教徒在印度只屬小眾人口。

人工智能（AI）技術挑戰人的主體性，作者所去的星球，無學校亦無教師，係用掃描將知識注入大腦，故教師將被淘汰，身教與言教蕩然無存，應改為機器教。君不見，科技始終來自於人性，卻也不斷地改造人性。主客易位，太阿倒持，人類將變成機器的奴隸，而且許多行業將必然消失。假如閣下被機器醫生誤診致死，是否應判其死刑以償命？

語言可透過儀器轉換，卻鮮有能操華語者，因中文實在難懂。欲搭訕外星生物，還是先學好洋文再說。遠古的語言，如：蘇美語、希伯來語、埃及語、希臘語，有朝一日，恐怕會敗部復活，成為熱門而時髦的流行用語。

科幻小說作者，多為理工科出身，具專業素養，並非純文學。外星生物多住在地下，建築物使用金屬結構，故地表上無比荒涼，誤以為毫無生命的跡象，真是「星不可貌相」。

美與醜乃相對，而非絕對，大眾傳播媒體多醜化外星生物。目前外星生物約有120餘種，有來自外太空、內太空（地球本身）及未來世界三大類。假如歷史發展的劇本早已編好，吾人辛苦的打拼有何意義？能改變現狀嗎？道家（尤其是莊子）主張要超越樂觀與悲觀，提昇至達觀的境界。「放下屠刀，立地成佛」，但有多少高僧和大德能真正成佛？

外星生物造訪地球，多未穿笨重的太空衣，可推論彼等的星球，自然條件應跟地球類似，否則如何適應恆星的輻射和大氣層的物理結構？外星生物了解人類的語言及歷史，並可跟動物對話。潛伏在地球上的「第五縱隊」，源源不斷地提供情資。但未透露該星球的名稱及在宇宙的位置，以提防人類圖謀不軌。

各星球因自轉和公轉的速度不同，時間的流程亦相異，即使是在地球上，某些空間的時間向度也異常。如「山中一日，地上十年」，〈枕中記〉、〈南柯一夢〉、〈李伯大夢〉，皆言及時間乃相對，而非絕對。時間的排序，有時會不按照先後次序。回憶往事，童年時期的特殊經驗，活潑鮮明，好像是最近才發生，但前幾天的所作所為已不復記憶。

圓環型建築，無縫隙。外星生物的衣服，有自動修補復原的功能。以男性形象出現的天使，袍子會隨心情變顏色，似乎本身有生命，「天衣無縫」或許為真。牆壁本身會發光，無照明裝置，儀表在三維虛擬的影像之中。機器人無表情，似乎由許多小蟲子組成。外星生物赤身裸體，憑聲音區別男女，腰部有白色的霧狀物遮掩。幽浮的外觀不大，但裡面的空間很大，許多個案均有相似的經驗，此乃視覺誤差原理（收分法），證明眼見不足以為憑。

夢境所見所聞，有前世的經驗，也有靈魂出竅，神遊太虛，更神奇者，是有地外生物或靈界的天使入夢，傳達奇特的訊息，某些情境，甚至會實現。佛渡有緣人，信靠者多，被揀選者少。作者乃80億芸芸眾生之中，少數金榜題名者，大概前世有緣（非孽緣），被指定擔任代言人。

從靈學觀點而言，器官移植並非行善，因受贈者的性格和生活習慣可能會產生巨變。昔日以為只有腦部會傳承經驗，輓近發現，身體各部位的細胞均有記憶儲存，故十惡不赦的犯人，欲捐贈有用的器官，遺愛人間，卻乏人問津。泛道德主義和行善，亦有其局限性。

民生六大基本需求：食、衣、住、行、育、樂，可能只限於地球上的人類，外星生物的生理與心理構造，各有其獨特性。在墜毀的幽浮內，並未發現水與食物。如果是有機體，必須會進行新陳代謝，何況，飛越如此遙遠的距離，要裝載多少物資？「兵馬未動，糧草先行」，超越光速的飛行，所消耗的能量相當驚人。封閉在黑暗、無聲的空間之中，懼幽閉症（claustrophobia）患者，必然會抓狂。

一九六九年七月二十日，美國太空船阿波羅11號（Apollo 11），首度登陸月球，所造成的衝擊，至今仍餘波盪漾。在一片死寂的狹小太空船內，太空人朗讀《舊約全書》的創世紀，並聆聽巴赫（Johann Sebastian Bach, 1685-1750）的布蘭登堡協奏曲（Brandenburg Concertos）。歷史上命運最悲慘的海倫·凱勒（Helen Adams Keller, 1880-1968）又聾、又啞、又瞎，曾經透露，最恐懼者，在失去聽覺（貝多芬亦有此遭遇），升斗小民大概會擔心失去視覺，她卻未自我了斷，成為受人尊敬的偉大女性。

幽浮飛行的速度已超越光速，愛因斯坦關於光速的學說，理應修正。若從人類的角度思考，在高速運動的物體內，人類是否能承受幾個G的壓力？而儲存幽浮的倉庫，跨越數十公里，卻無支撐的柱子。

果克星無沙漠，無垃圾，無商店，無酒店，亦無交通工具，有綠色的植物。房屋飄浮在空中，好像電影〈第五元素〉中漂浮的汽車。空氣中的含氧成分甚高，可參考電影〈失去的地平線〉，大部分的人不需勞動，只是拼命的「玩」，天堂大概不過如此。

最奇特者，在外星生物能穿牆而過，〈穿牆人〉並非虛構的情節。因目睹外星生物切入幽浮的個案甚多，而幽浮部分無門窗（因來自不同的星球），好像鬼魅亦具有這種「特異功能」。作者描繪可聞到牆壁的土腥味，發光的液體從牆壁滲透到屋內，逐漸形成人形，並非牆壁裂開縫隙，而是每一砂礫從身體穿過去，竟有爽快之感。

中國大陸曾有人宣稱可隔空取物，靠著念力（psychokinesis, PK），可將密封在玻璃瓶內的藥丸取出，經將整個過程，採各種角度錄影，以慢動作分析，發現瓶子只用零點數秒的時間出現裂縫，再還原確實為真。但任何行業皆良莠不齊，江湖術士行騙天下，也有做假騙子的表演。

家庭乃社會的基礎，但在果克星上，無生、無死、無親友、無嬰兒和老人，長生不老，青春永駐，一個人即是一個家庭，但飼養寵物。年長者，會更換成年輕人的身體，並保留思想意識。身體如空腔，有液體食物，不排屎排尿。

宇宙如洋蔥，有一層一層的結構，多數星球無生命，而低級生命較多，可區分為千年、萬年和億年級星球。空間無窮大，即宇宙乃無邊際的存有，並且無始無終。否定上帝的存在，肯定輪迴，地球上的生命乃進化而來，源自10億年前的閃電產生生命。

果克星有文字，文字乃最偉大的發明，因可記載並傳承歷史經驗。台灣島上現存的16族先住民，至今仍未發明文字，只是借用羅馬拼音，遲早會被高度成熟的族群所同化。該星球的人口高達100億，超過擁有80億人口的地球。走路呈現漂浮狀（並非阿飄），高達1公尺，醫療發達。中國古代的傳奇人物——彭祖，活了八百歲，但除了長壽，一無可取。

在可預見的未來，幽浮學必將成為炙手可熱的顯學。人類畫地自限，作繭自縛，每凝視地球儀上五顏六色，二百餘國及地區的分布圖，啞然失笑。某些迷你小國，要用放大鏡去尋找，人口尚不足萬人，也要獨立建國，特產是鳥糞（磷肥），雖然在聯合國也擁有席次，但對國際事務有何影響力？全球政局的運作，大國說了算，小國只有靠邊站。

外星生物使用全球運動網，真實與虛幻的場景互相切換，用意識互通。可瞬間位移，如同幻術。皮膚會變顏色，已超出人類認知的範圍。天下第一奇書——《山海經》中的277種造型奇特的生物，部分可能並非是地球上的生物。介於動物與植物之間的蛇人，猶如珊瑚，而高等生物必須呈現直立狀。

二戰期間，地外文明干擾德國，故未發展出原子彈技術。納粹黨沉迷於各種魔法，卻仍未贏得勝利。在各國的核爆實驗現場，幽浮經常排徊不去，似乎擔心人類玩火自焚，自我毀滅。

果克星生物強調虛擬產品越多，則文明越發達，使用全球公眾運動網（互聯網）可轉移物品。整個星球只有一個國家，周圍尚有十幾個星球，卻無領導人，是將數學家當作領袖。上帝若有職業，應為數學家，因宇宙萬象錯綜複雜，對立而統一，必須經過精密的設計。

「山川木石皆自異，萬物與我何求同」（《山海經》），馬齒徒增，年老色衰，深切感受「無所逃於天地之間」的無奈與恐懼。古埃及人一生的打拼，聚焦在追求永恆（in pursuit of eternity），但永恆之道焉在？

中國文化大學史學系副教授　周健

推薦序三　宇宙和人生

在《果克星驚驗之旅》這本書中，張祥前以一個農民的身份，描述了他與外星人果克星球之旅的奇妙經歷，以及他在旅程中所學到的各種物理學理論、宇宙奧秘和飛碟動力公式等知識。這些知識不僅開拓了他的視野，也讓讀者能夠一窺外星人的生活和科技文明。

從被帶走的神秘之夜開始，這本書就讓讀者充滿了好奇心和探索的熱情。從外星人的飛碟之謎到果克星球的超光速通訊技術，從果克星球獨特的瞬移技術到探索宇宙中的陸基人種和水基人種，書中的每一個章節都讓讀者為之驚嘆和欣喜。

張祥前的文字生動而有趣，他的描述充滿了細節和感性的表達。他讓讀者仿佛與他置身於果克星球的世界中，一邊感受著外星人的科技和文明，一邊體驗著人類的好奇心和探索精神。

《果克星驚驗之旅》是一本精彩的真實遊記，充滿了數學、物理和宇宙觀的思考，這本書不僅會讓讀者目睹先進的科技層面，擴展自己的知識面，更會讓讀者對宇宙和人生有更深刻的思考和感悟。

如果你對外星文明、科學和宇宙有興趣，那麼《果克星球之旅》絕對是一本不能錯過的好書！

劉原超　桃園美國學校校長及大學教授

作者前言

大約在七、八歲時，有一次，我一個人在一塊沙地上放鵝，突然看到有幾團氣霧狀的東西在我眼前快速地移動，其中有一團猛的撲向我，當時我覺得頭嗡的一聲，眼前一黑，人不由自主地蹲下去，好長時間才清醒過來，眼前的氣霧消失得乾乾淨淨。

我也沒有看到飛碟，只是之前看到西邊的天空閃一下紅光，當時大概是下午到傍晚之間，四、五點鐘的樣子，紅光出現正好在太陽附近，而當時太陽附近又有許多紅色的雲霞，所以沒有在意有沒有飛碟之類的東西。

這是我小時候遇到的一個最奇怪的事情，至今記憶深刻。

大約從十二、三歲時開始，我夜裡老是做夢，夢見自己生活在另一個星球上，在這個星球上陽光好像不是很強，光線偏藍色。

這個星球上幾乎沒有植物，而且地表上面好像不適宜居住人，人都住在很深的地下。人們乘坐著極快的交通工具，能夠快速地來回地上、地下。

在我腦海裡印象最深的是這個星球上無論地上、地下，都建有大量特別巨大複雜的建築物，這些建築物大多數是具有鉛灰色調的金屬製成，整個星球顏色單調、陰沉。

一個人偶爾做這樣的夢，沒有什麼奇怪的，但是，數年、長期的做這樣的夢，而且夢境有時候特別的清晰，不得不讓我思考這一切背後的原因。

本人在小時候多次遭遇奇怪的事情，現在猜測原因就是遇見了外星人。

尤其是我小時候生了嚴重腎炎，那時候家庭極度貧困，經常餓肚子，我母親家6個人餓死了5個，父親家9個人餓死2個。

當時沒有條件去醫院治療，在臨死時候外星人救了我，這個記憶非常的深刻。

還有一次害眼病，非常嚴重，持續半年時間，沒有接受過一次治療。

只有母親偶爾來過問一下，在我眼睛無法睜開的時候，她用唾液塗我的眼睛，開始有效果，後來就沒有效果了。

但是她沒有一分錢，無法帶我去醫院治療。那時候家庭不但極度貧困，人又都很愚昧麻木，很多孩子死了，家庭成員的悲傷程度，還不如現在死了一個小貓、小狗。

我最後接近失明，完全看不見走路，只能整天坐在床邊，也是來了一幫神秘人，治好了我的眼睛。

我小時候多次被神秘人帶走，那時候，見到這些神秘人，心裡沒有絲毫害怕的感覺。這些神秘人每次來之前，我都有很強的預感，心裡說，他們要來了，要來了，果然就真的來了。

他們來的時候，我首先都是看到牆壁發紅，都是夜晚把我從床上帶走，直接從牆壁裡穿過去，早上送回來，也是送到我的床上。我也一度懷疑這是不是在做夢。

有一次，他們送我回來，我說，就把我放到村子牛屋門前的一個草堆上就行了。

第二天，我果然就睡在草堆上，我起來回到家裡，母親已經起來開了門，她在掃地，沒有問我從那裡來。

多年以後，我也在內心懷疑自己小時候這一切奇怪遭遇是不是在做夢？

但是，睡在草堆上的事情，千真萬確，使我堅定的否定了這一切遭遇都是在做夢的念頭。

在一九八五年初夏，我19歲時候再次遇到外星人，踏上外星球旅行了一個月時間。

按照我們農村人虛歲的演算法，我是一九六七年出生的，應該是在一九八五年。不是我當時從外星球回來就看日曆，當時也沒有要去找證據的想法。

但是，在我們地球上，只是一夜的時間，他們的時間和我們不　樣。

這是我最後一次，以後和外星人就沒有任何聯繫了，不但見面的聯繫沒有了，就是心靈感應之類的聯繫都沒有了。

這一次我的記憶同樣不是很清晰，有可能是記憶受到了他們的干擾。

但是，由於我已經成年，有一定的思考和判斷力，並且在外星球上獲得的訊息量很大。

在這之前，我看過與外星人綁架有關的雜誌，19歲這一次和外星人剛開始接觸的時候，我心裡就隱約意識到這些奇怪的人，可能就是外星人。

我的這一次旅行獲得很多有價值的資訊，也對我以後人生有巨大影響。否則我就是一個老實的、思想有點保守的普普通通農民，人生就是娶妻生子，平平淡淡地過一生，不可能有能力寫了那麼多的文章，特別是關於宇宙奧秘、時空、前沿物理、人的生死、意識方面的文章。

我讀書很用功，很勤奮，不但能夠完成老師發佈的作業，自己還主動做功課，但是智力平平，導致成績一般。

我初中畢業考高中，那時候需要預考，預考通過了，才有資格正式考高中。可惜我預選都沒有通過，重考一年後，仍然沒能通過預考，父親對我很失望，氣得打了我一扁擔。

我高中沒有考上，只能輟學回家種田。

後來我就一直忙於生計，經常白天工作，晚上捕魚，幾乎沒有摸過書。那時候，農村又買不到書，尤其是超過高中水準以上的教科書，我們附近的三河鎮上根本就沒有，小鎮上只有一些高中以下的學習輔導資料和一些娛樂的書。而且我的活動範圍就在我家幾十公里附近。

現在我仍然不清楚是怎麼得到這些關於宇宙奧秘、前沿物理方面的知識，但是，可以肯定的是與外星人有關。

在我們地球上，一個人出門旅行，回來後回想旅行的經過，一般都是按照時間的先後，旅行經歷的畫面會在頭腦中像放電影那樣一一出現。

可是我這一次旅行的記憶畫面是不連續的，而且時間的先後可能都被打亂了，不知道哪些事情是先發生的，哪些事情是後發生的。

我就像一個人看了大量的圖片，而不是看了一場連續不斷的電影。

在他們的星球上，你上一秒鐘可能在一個面臨死亡威脅的恐怖場景中；在下一秒種，他們的交通工具——具有高度智慧的全球運動網可以自動地把你送到一個安全的、柔軟、舒服的床上，連進門、出門的過程都省略了。

他們的社會是一個高度虛擬化的社會，常常使我分不清楚哪些是虛擬場景，哪些是真實場景。

在他們星球上，有時候真實的場景和虛擬場景又可以隨意地切換。

你本來確定無疑是在一個虛擬場景中，不知道怎麼一回事，突然周圍就變成了真實的場景；你本來確定無疑地在一個真實的場景中，不知道怎麼突然就變成了虛擬場景。

和一般遇見外星人的情況有所不同，這一次在和外星人的接觸中，我所獲得的外星人很多資訊，尤其是科學技術資訊，不是外星人言語直接告訴我，或者其他方式交流、學習的那種。

感覺好像是和外星人的意識互通了，就像有一個外星人的意識進入了我的意識中，我擁有一個外星人的部分記憶，後來通過慢慢回憶，才掌握的。

也可能是他們用他們的人工場掃描技術，通過場這種無形物質，向我大腦中輸入許多資訊的原因，就像我們現在的電腦下載一樣。

他們星球上也沒有老師、沒有學校。人獲取知識，用場掃描直接把知識掃描到人大腦裡。

他們多次用人工場設備掃描我的大腦和身體，是向我大腦輸送知識，還是做其他實驗，就不得而知了。

不過，我獲得的記憶資訊，尤其是記憶畫面是非常的多，串聯起來，使這些記憶資訊變得非常有價值。當然，這裡面也有許多我自己至今也無法解釋的秘密。

我剛從外星球回來，還記得他們許多物理公式和數學方程，我用一個練習本記了下來。

有一次放在桌子上，被哥哥喝水弄潮濕了，我對哥哥說這個本子裡面記的內容很重要，並且責備他不該把本子弄濕了。

可能這樣得罪了哥哥，後來本子被我的哥哥撕碎了，只是剩下一點點，其餘部分在哪裡？我問我哥哥，他說在廁所裡。

我到廁所沒有找到，再問，他不理睬我，剩下的一點點後來也丟失了。

現在已經過去了接近40年，外星人的科學理論，我記得不少語言描述，還記得一些重要的物理方程，比如把宇宙4種力寫在一個方程裡的大統一方程，廣義動量方程，時間、光速、品質、電荷、能量的定義方程等，其餘很多都模糊或者忘記了。

外星人對我們地球人的語言掌握得很好，在和我對話中，他們甚至用到我們的方言、口語、俏皮話，對我們地球上的人文歷史也非常地了解，地球上的名人，他們張口就來。

他們可以和他們星球上的動物頻繁進行對話，和動物對話的難度肯定大於和我們地球人之間對話，你應該就能夠領教到他們與不同物種之間強大的溝通能力。

他們說，通過人工場掃描一個地球人的大腦，就可以把這個地球人所有的記憶、思想意識資訊全部調出來。

他們只要綁架幾個地球人，通過掃描這幾個地球人大腦，就可以把這幾個地球人大腦裡所有的資訊調出來，這樣他們掌握我們地球上很多語言、社會、人文等各方面的資訊。

但是，我由於擔心讀者的質疑而引起不必要的爭論，所以，他們語言中出現的我們漢語中的俏皮話、方言、口語，很多都沒有寫。

在外星球上，他們也談到潛伏在地球上的外星人、地球人的未來、對地球未來的一些預言、國家未來走向、政治人物、聖人的出現等敏感內容。

我想等我被社會承認，才考慮把這方面的內容完全寫出來。

在外星球旅行過程中，由於很多事情我自己都無法解釋、搞不清楚，加上記憶模糊，有些問題，無法講清楚，希望讀者能夠理解。

本文在介紹外星人生活方面，披露出許多以前人們毫不知情的細節，可以滿足一下大眾對真實的外星球、外星人日常生活的好奇心，同時也可以給廣大科研工作者一個啟示和參考。

看了這本書，相信大家對高度發達外星球的科技與生活、社會結構、外星人的倫理道德、外星人外貌、身體內外結構等，有一個大概的了解。

我現在從網路上搜一下，全世界宣稱自己去過外星球的人很少，沒有幾個人。但他們描述自己在外星球的旅行見聞，和我的完全不一樣。

可能這些人中有的是在撒謊，有的可能是記憶受到外星人嚴重干擾、誤導，或者只是遇到了不同種類的外星人。

從外星球回來後，由於受到強烈震撼，也隱約意識到外星人科技可以引起地球人天翻地覆的變化，有人說人們可能無法接受一個農民到外星人的事情，認為這個事情太過於荒唐。其實很多情況下，我根本就沒有提外星人的事情，有時候，我還沒有開口說話，可能是他們看我其貌不揚，一開口就叫我滾。

我利用業餘時間研究，宣傳外星人科技，至今已經堅持了接近40年，很遺憾仍然沒有能夠引起社會關注、重視，我自己也是感到疑惑不解，特別是我們現在處於網路時代。

我現在在學習高等數學，打算把外星人的科學理論主要是統一場論，用嚴格的數學描述出來。

這個可能是我成功唯一的一條路。很多朋友建議我作實驗，當然實驗我不會放棄的，現在已經和網友合夥作實驗。我希望帶來的外星人的人工場掃描超前科技會百分之百地被社會重視。

從家中被帶走的神秘之夜

我19歲（一九八五年）那年的初夏，天氣不是很熱，床上還沒有安裝蚊帳。我一個人睡在我老家前排房屋的第二間從（從西邊算起），我的父母親睡在第一間房屋裡（從西邊算起）。

這排房子一共是5間，土牆，中間是大門，兩邊房子都有窗戶，大門左右相鄰的兩間房子沒有窗戶。

我睡在大門靠西邊的一間房子裡，在南邊沒有窗戶，而且和大門所在堂屋之間沒有隔牆。

我睡覺的床是木板搭的，不是真正的床，緊靠在房屋南邊的土牆邊。土牆和床接觸地方糊滿了報紙，防止土牆的泥土掉在床上。

在我睡覺的那一間房子的北邊，是一個灶台，灶台燒火的一面朝西，鍋臺（灶台靠鍋的那一面）在東邊，鍋臺東邊一個大水缸。鍋臺邊有一個小窗戶。

我睡覺的時候，頭朝東，頭旁邊一根柱子，柱子上掛滿了雜物，而且，柱子上方的橫樑也掛滿了雜物。

我睡覺的時候，腳朝西邊，西邊離我父母親睡的房間大約有1.5公尺，外星人就是從這1.5公尺土牆進來的，我們也是從這裡出去的。

我被外星人帶出去，是從牆壁直接穿過去的，不是開大門從大門出去的。穿牆的時候，牆的土腥味，給我留下很深的印象。

我的父母親房間的房門也離這個地方不遠。當時，所有的地面都是土，不是水泥地面。那一次，我躺下時間不長，半夢半醒之間，好像感覺我家屋頂上空有一個東西在盤旋，小時候那種：他們要來了、他們要來了……的那種熟悉的感覺又出現了。

後來突然感覺到屋子裡變得紅通通的，我被驚醒後，從床上爬起來，站在床邊。看到牆壁上滲出一股發光的液體，這些液體發出暗紅色夾雜著一些雪青色的光，這些光是不均勻的，由許多耀眼的細小光點組成。

當這些液體完全從牆壁裡滲到屋裡時候，逐漸地變成了幾個人形。

這些由許多耀眼的細小光點組成的人身體，像無數個飛舞的紅色小蟲子組合在一起，並且快速地、紛紛擾擾地舞動著。

強烈的恐懼使我不停的顫抖，手腳和咽喉變得僵硬，而且都不聽大腦指揮了。來的這些神秘人不說話，可我腦海裡卻好像聽到了，不知道哪裡來的一個標準的男性聲音對我說，「跟我們一起出去。」

這個時候，我人仍然是很清醒的，也記得很清楚，當時不是做夢。

我正在發愣，突然感覺一股無形的力量從正面猛的撲到我身上，瞬間控制了我。特別是我頭部，像被突然灌滿了液體和細沙子之類的東西，一種強烈被東西充實的感覺。

意識好像也被神秘力量強力控制了，變得模糊起來，大腦的思考、判斷都不靈光了。整個人都不清醒了，各種感覺都好像鈍化了，身體發飄，走路不穩當了。我也逐漸停止顫抖，害怕感覺也大大減輕了。

我看到他們從牆壁上一穿而過，我好像是看到牆壁變成了半透明的，我也跟著一起穿過去。出去後，我才看到自己光著腳，只穿了一個內衣和內褲，形象盡毀。

我在接觸牆時候，牆的土腥氣味給我的印象特別深。穿牆的感覺是牆的每一個分子都均勻的從我的身體裡穿過去，而不是牆裂開一條縫隙讓人鑽過去的那一種。

還有，人在穿牆時候，身體各個部位感覺有無數微小砂粒在身體裡輕輕地摩擦，並且伴有一絲爽快的感覺。穿牆的速度不是很快，和平時走路的速度差不多。

在以後幾十年時間裡，我經常在夢中夢到自己穿牆，有時候成功，有時候失敗，一旦失敗，感覺被牆壁撞得很疼痛，就對自己說：

面對牆壁，不要害怕猶豫，不要用力，心無雜念平靜地走過去就行了。

我在從牆中要出來時候，腳後跟有一陣巨痛，出來以後，疼痛立即消失了。

到了牆外，我又看到了兩個人，一個人拿出一個東西對著牆壁照射，當時我猜想，可能是由於這個東西的照射牆才變成半透明的。

穿牆而過的人和牆外拿東西對牆照射的人，這些人是可以液體、固體隨意變化的，他們的身體時時刻刻在微微地抖動。

這些人看起來好像有一種飄忽不定的、不真實的感覺，我當時就猜想這些浮動的人不是真人，可能就是一種機器人，後來得到了證實。

我穿牆出去，雖然是夜晚，這個地方可能存在著光源，我看到的另外一個人，感覺就是一個真實的人，這個人一眼看上去是一個女性，很像我們幼稚園的小女孩。

我靠近她時候，她好像是害怕的樣子，本能的退後幾步，和我保持著一定的距離。

她面部有非常迷人的神情，身高大約只有一公尺，身材纖細而豐滿。

眼睛很大，眼瞼也很大，眼瞼、額頭飽滿而發亮，頭部不是很大，眉毛短且很淡，集中在中心部分，特別的高挑，給人一種妖豔美的感覺。

而且下巴、鼻子、嘴巴都很小，上嘴唇向上微微翹起，呈現m狀。

她的臉比較短，有十一、二歲小女孩的那種感覺，臉上五官起伏不明顯，就像在一個氣球上畫上一個人臉。

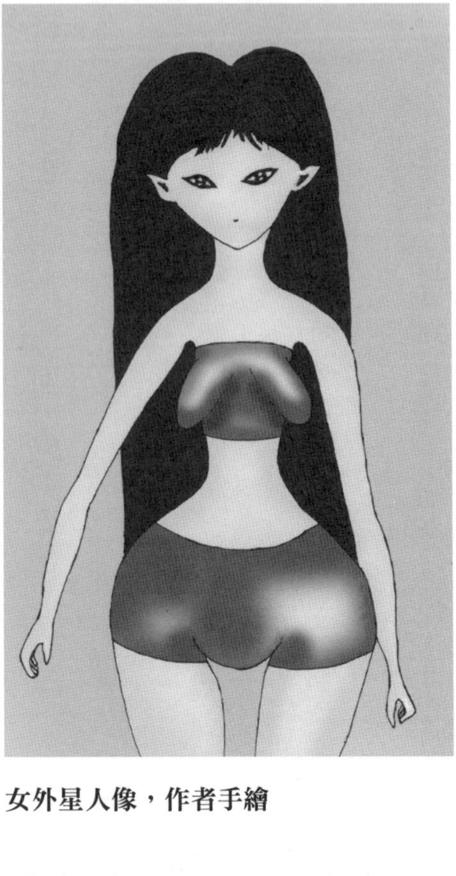

女外星人像，作者手繪

她的腰極為纖細，到了和身體極不相稱的地步，感覺只和我的手臂差不多粗。下身臀部比較寬而豐滿，兩腿之間有鼓囊囊的凸起部位，上身、肩膀都很狹窄。

頭髮是黑色的夾雜著一些雪青色，像黑得發亮的橡膠管子，上面有一節節的環狀花紋，又像一種昆蟲的觸角，一束一束呈螺旋式的，並且向外膨開。

她的皮膚極其光滑，皮膚的顏色是粉白色的，微微的有一點雪青色，也可能是光線反射的原因，因為以後很多場合沒有發現她身上具有這種雪青顏色。

這種粉白色是極為細膩、柔和的那種粉白，是漫反射的那種，不是鏡面反射的那一種。

這個人整體印象是很漂亮，很性感，腿和手臂、身體都極為渾圓的感覺，像我們現在的充氣皮娃娃。

她的身體結構緊湊，感覺屬於運動型的那種。

這些神秘人到底是什麼人？夜晚來我家找我有什麼事情？恐懼和疑問佔據了我的頭腦。

這個時候我突然看到一束奇怪、雪白的強光從空中向對地面掃射，像許多銀色的粉末厚厚的灑在地上。

這束強光給人感覺很密實，密度極高的樣子，而且射出的時候是一節一節向前延伸，收回的時候也是一節一節地收縮。

被光照射到的地方的物體和地面看得清清楚楚，但是，周圍絲毫沒有散光，沒有照到的地方，一點都看不見。

這個和我們常見的強光一個明顯的不同之處，我們平常看到的強光有散光的。

比如我們的手電筒發出的光圈，光圈範圍內東西看得很清楚，光圈範圍外的地方也能夠勉強看清楚，並且在空氣中有明亮的光柱。

這個密實的強光照射空氣中，沒有一絲亮柱，當這密實的光掃射到樹枝上，樹枝卻能看得清清楚楚的。

這種情況和一些UFO目擊者看到的很相似，這種光通暢被UFO目擊者稱為冷光。

後來，我知道了，他們這種冷光是伴隨著小功率的人工場掃描一同發射出去，他們的人工場掃描可以操縱空間，令空間中的光拐彎、一節一節前進。

他們的小功率人工場掃描可以令空氣中灰塵處於一種激發狀態，和光不發生碰撞相互作用。所以，這種光在空氣中沒有明亮的光柱。但是，這種小功率的人工場掃描不能令地面和樹枝也處於激發態，導致地面和樹枝能夠正常反光。

當時我順著照在樹枝上的光往上看，看到了巨大的像兩個草帽的東西合在一起，無聲無息的、黑乎乎懸浮在空中。估計離地面有幾十公尺高的樣子，而且離我家不遠。底部看不清楚，但是周邊圓圓的輪廓看得很清楚。

強光就是從這個東西的地底部發出的，這個巨大東西周圍有一排似乎是小燈，閃著不同顏色的暗光。

飛碟！我心裡驚叫！因為我看過《飛碟探索》之類的雜誌，這個東西就是雜誌上介紹的典型的飛碟模樣。

啊！我心裡一驚，馬上意識到這些神秘人可能就是外星人，我要怎麼做？逃跑、喊人、呼救？還沒有容得我多想，只是覺得自己身體好像變得有點發輕，隨後一秒鐘不到又迅速恢復到原來。恍惚之間，睜眼一看，我已經不在我家的牆外了，四周環境驟然變了。

我看到了自己已經站在一個圓環形的極為精緻的房子中，這個房子好像都是金屬製作的，並且是連續的整體，絲毫沒有縫隙和拼裝的痕跡。

整個房子內部有著柔和的光線，但是看不見任何燈泡之類的東西，光線好像是從牆壁上整體均勻發出的。

房間內部閃爍著金屬光澤，做工極為精細、考究，裡面擺放的東西很少，擺設是簡潔明瞭。這個房子，或者說飛碟的內部，看不到窗戶和門，中心有一個大柱子，和頂是連在一起的，直徑大約有3公尺，高大約有5、6公尺，柱子底部有一圈突起的臺階，臺階寬度和高度大約有40公分。大柱子周圍是一個環形的空間，人就待在這個空間裡，環形空腔直徑有幾十公尺。

雖然記得不清楚，但是，我感覺自己和他們幾個人都是從飛碟底部中心位置進來的，好像是被一股吸引力吸進來的。

在圓弧狀的金屬牆壁附近，閃爍著一個三維立體圖像，離地面大約70至80公分高，畫面在不斷地在變化，如同放電影，而且畫面可大可小，非常逼真。

如果不是畫面的四周整整齊齊的，如同被利刀切割的一樣，你一定會以為這些立體電影畫面就是真實的場景。

明顯沒有看到任何儀錶之類的東西，而且一個接近儀錶形狀之類的東西都沒有。也沒有我們地球人太空船、飛機常見的控制台。

我在網上搜和外星人接觸的人，能夠進入外星人飛船裡的，後來都回憶描述外星人飛船裡有大量儀錶之類。這個和我看到的明顯不一樣，而且這個場景我記得很清楚。

後來我知道，他們所有的儀錶，都在這個三維虛擬影像中體現，而且控制飛船就是通過這個三維虛擬影像來實現的。

我看到了4個沒有神情、身體像無數個小蟲子組成的、微微抖動的人，我估計是機器人。

其中有兩個人走到我面前，上來就脫掉了我的內衣內衣和內褲。從此以後，我在他們星球，就赤裸著身體，一直到回家。

我低頭看，腰周圍出現一個緩慢飄動的白色霧狀圖像，才感覺不是那麼的難為情。我下意識的用手摸一下自己的下身，明顯是赤裸的感覺。

我猜想這些神秘人真的就是外星人，這個圓房子就是在我家附近空中看到的飛碟。從外面看飛碟不是很大，裡面看飛碟是蠻大的。

我是被他們請來了，或者說是綁架來的，恐怕是回不去了，有可能永遠都回不到家去了，我心中一凜，恐懼害怕，暗暗叫苦。

很快我的猜測被證實，那四個機器人走到裡面，從裡面走出三個具有神情的真正外星人，明顯看出來一個女性，兩個男性。那個女的和在我家牆外出現的女性一模一樣，我當時估計就是同一個人。

看到這個女性，我因為赤身的感覺，不由自主的、慌忙地低頭看自己，看到圍在自己腰部一個飄動的白色霧狀圖像，才感覺心裡稍微踏實一些。

在飛船內，光線強，可以更加清楚地看著她，她穿著連體緊身服裝，衣服和肉體像是融合在一起。感覺她好像沒有骨骼、肌肉什麼的，她的身材非常的豐滿，極具有流線型，像海豚身體那樣的流暢。

從後面看她的臀部很寬，從正面看，下身有著一個豐滿的鼓囊囊的部位，不知道是什麼。她兩腿之間大約有8、9公分的空隙，不像我們地球女性站立時候兩腿是靠攏的。

他們的身高都差不多，憑我肉眼是無法看到差別的，都穿著連體緊身服裝。

他們三個人站一排，其中有一個男性，長相和那個女人有相同的特徵：大眼睛、大眼瞼、小嘴、小鼻子、小下巴，耳朵大而薄、尖，皮膚是柔和、細膩的粉白色，有著一些男性特徵，臉上不像那個女外星人皮膚像充氣的橡皮娃娃那樣的飽滿、豐盈。兩腿之間沒有女性外星人那種鼓囊囊的圓柱形東西，臀部不是很寬。他的頭髮是緊緊貼在頭上，像一塊完整的黑得發亮的橡膠貼在頭上。

這三個人一眼看上去，明顯不同於我們地球上特點的一個是個子小，身材小，像我們幼稚園小朋友，又像我們常見的動漫卡通人物。

另一個特點就是人的身體太過於精緻，好像是做工極為精美的人工製作的玩偶，或者充氣足足的橡皮娃娃，臉上五官高低起伏不明顯，沒有一絲一毫的皺紋，皮膚的顏色也太過於細膩、純正，毫無瑕疵。

那個男性走到我面前，用右手按住自己的胸口，可能是他們的見面禮節，像我們地球人見面時候的握手，說了一句話。

他們的聲音不大，說話不是一個字、一個詞吐出來那樣的清晰。而是含糊不清，像我們地球人的夢囈，又像嬰兒說出的嘟噥聲，又好像是需要借助於呼吸來增加發聲。但是，聲音很柔和、稚嫩，像兒童的聲音。

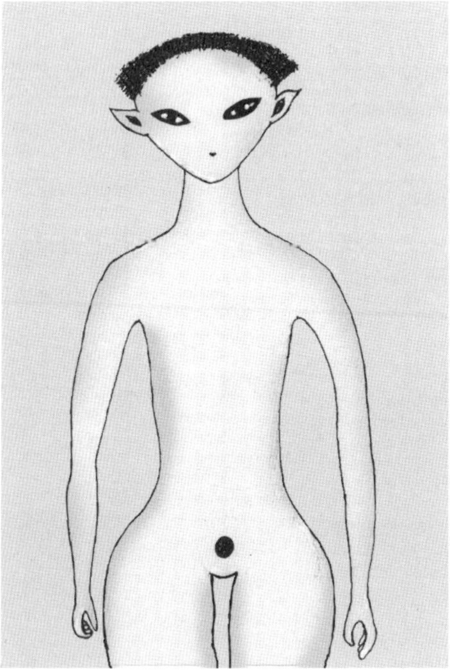

男外星人，作者手繪

後來我瞭解到他們的身體可以從外部瞬移血氧進入體內，不需要通過肺來獲取血氧，他們的肺呼吸功能退化，導致發聲功能退化。

他們借助於他們的人工場掃描資訊截頻技術（這個以後會給大家交代清楚），可以相互無障礙地溝通。

他們的截頻技術，如同一個虛擬翻譯工具，也能夠把他們的語言翻譯成我們的漢語，以聲音的形式出現在我的耳朵邊，有時候又以意念的形式、甚至輔佐一些畫面出現在我的腦海中。

這種翻譯虛擬工具你看不見、摸不著，但是很厲害，使我和他們交流絲毫沒有障礙。如果我和一個江蘇人交流，遠不如和他們交流那樣順暢。

而且他們掌握了我們漢語中大量的口語，甚至有很多俏皮話、方言，這個可能大家是很難相信的。

他們利用肺的呼吸來說話，僅僅只是起到了打招呼的作用，只是打開了我要說話的開啟功能，接下來的交流，可以全部交給了他們的人工場掃描資訊截頻系統。他們等於把自己的呼吸、說話功能外包了出去。

我雖然聽不懂他們的語言，但我的耳部立即出現一個標準的男子聲音，具體內容現在忘記了，只是記得，

「我叫××（後來他們相互對話，好像聽到他們叫他諾頓、諾勝、喔騰……之類的）我是生物學家，我負責這一次旅行……我們都是陸地人（可能是陸基人），歡迎你到果克星球來訪問旅行……」

後來，經常聽到他們把他們的星球叫果克星球，果克可能只是一個發音，有時候又聽到他們叫果可、古可之類的。

我曾經問過他們星球叫什麼，在宇宙什麼位置，他們不告訴我。我心裡說，是你們把我強行帶到你們飛船上，不是我自己想去你們那裡的。但是，我嘴上沒有說出來，只是「嗯」的應了一聲。

生物學家諾頓說完，退了回去，另一個男性，長相和他差不多，只是生物學家有著嚴肅的表情，而這個人表情不嚴肅，有一些嘻嘻哈哈的神態。

他向前跨一步，走到我面前，把右手按住胸口，說了一句話，我的耳部立即出現一個標準男聲：「我叫 ×××（後來多數場合聽到他們叫他蘇代爾、舒代哦……之類的名字，但是有時候叫的差異很大）……我是物理學家，……歡迎你到我們星球來旅行。」

最後，那個女性跨一步，把右手按在胸口，說了一句話，我耳部立即出現一個甜美柔和的女性聲音：

「……我叫威力……，（後來多次聽到他們相互之間稱她叫微麗，麗的音拖很長），歡迎你到我們星球來旅行……」

她的聲音同樣柔和、稚嫩，像兒童的聲音，但是，明顯是女性的聲音。從他們的發聲能夠明顯區分出男女的差別。

在以後多個場合下，發現他們的女性和女性之間發聲差別很小，幾乎都是一個腔調，很難通過聲音來區分她們。男性之間的發聲差別要大一點，但遠不如我們地球上明顯。

看來這個是他們的歡迎儀式，我想他們是宇宙中很文明的外星人，不會殺害我，或者野蠻地解剖我的身體，我當時的緊張心裡一下地輕鬆不少。

生物學家諾頓用手在身邊劃一下，立即在身邊出現了三維虛擬影像，諾頓在上面用手點幾下，又繼續說話。

雖然我聽不懂他的話，但是，耳部好像一個翻譯器，翻譯出一個標準的聲音來，有時候又感覺不是聲音，好像只是一個意念出現在腦海裡：

「你是我們長期考察的一個物件，你小時候，多次被接到我們的飛船上。你的名字叫張祥前，是吧？按照你們的習慣，你周圍的人應該都叫你前哥吧？」

「是有人這麼叫過，不過大部分人都叫我阿前。」我心裡想，他們怎麼可能知道我的名字？當時，不知道怎麼突然想起：他們是不是通過我的老師知道了我的名字？

「阿前？我們以後還是叫你前哥吧。我們邀請你到我們星球來，是通過你來做兩個非常重要的實驗，我們期望獲得對我們有用的數字。」

「什麼實驗？」我好奇地問。

「我們要研究你的腦部，期望找到我們需要的資訊。」諾頓回答。

「啊！要不要把大腦切開？」我心裡立馬又緊張起來，脫口而出。

「活活活，」物理學家蘇代爾立即笑了起來，這個笑和我們地球人沒有區別，他的上半身隨這個笑的節奏抖動起來，耳部出現了這樣的話：「你們愚蠢的地球人才喜歡這樣做。」

看到他的笑，我當時心想，他這個動作、神態，不就是我們地球人嗎？

他們可能只是地球上某個地方來的小矮人，用特殊的打扮，或者只是穿一件緊身橡皮衣服來騙我，想把我帶到地球的某一個地方去，好實施他們可能有著什麼不可告人的目的。

可是，我身上又有什麼有價值的東西，能夠讓他們感興趣？但是，我一想到那個叫微麗的女子的細腰，地球人哪有這麼細的腰？地球人哪有那種立體虛擬影像？我的沮喪心情又湧現上來。

我當時這樣想，其實是很害怕是真的離開了地球，擔心自己可能永遠不能回家，永遠離開了我的家人，抱著一種我們仍然只是在地球上跑的僥倖心裡。

「啊，不會的。」諾頓安慰我，

「我們將使用我們的人工場掃描技術來研究你的大腦，人工場可以發出場這種宇宙中的無形物質，即使深入到你的大腦內部，都不會對你大腦有任何影響的。」

「地球上那麼多人，我的大腦特殊嗎？為什麼單單選我？」我仍然感到不解，我只是心裡在想，沒有說出來，生物學家諾頓好像猜透我的心思。

「你小時候在田野上放鵝，遭遇了宇宙中一種具有特別高級文明的人種，他們的文明程度、科技發達程度遠遠的高於我們。

如果用時間來表示文明的程度，我們是萬年級別的文明程度，而你們地球上只能算是千年級別的文明程度，這些特別高級文明的人種，他們的文明程度是百萬年級別的，甚至可能是億年級別的。

他們的文明程度和科技的發達程度，很多都是我們難以去想像的，他們可能對你們科技落後的地球人沒有防備，但是對我們是有防備的，我們是很難正面接近、理解他們的。

這些宇宙中具有特別高級文明的人種，他們其中一個人的意識可能已經侵入了你的大腦，你擁有了這些特別高級文明外星人其中一個人的部分記憶，我們要把你這些記憶掃描記錄下來。

我們非常渴望他們對宇宙的看法，有那些與我們不一樣。當然這個只是我們的期望，也可能我們什麼都得不到的，但我希望能夠得到我們想要的。」

我立即回想起大約在七、八歲時，我一個人在一塊沙地上放鵝的那一次經歷。

「要我怎麼做？」我對諾頓說。

「我們將用人工場掃描技術，遠端的、非接觸的方式來掃描你的大腦。你只要聽我們的話，服從我們的安排，配合我們的實驗就行了，不需要你做什麼。」諾頓說，

「我們會讓你參觀我們星球許多地方，你將有許多奇妙的經歷，會增加許多你們星球上沒有的知識，得不到的閱歷，豐富你的人生，當你回到你們的星球，這些經歷會改變你的命運。」

生物學家說我以後怎麼怎麼的發達，我一點兒都高興不起來，因為我那時候的夢想只是能夠娶一個漂亮的、溫柔的、身體嬌小玲瓏的老婆，在老家蓋一個帶大院子的大房子。

至於宇宙和時間的秘密，國家、地球人的命運與我是八竿子打不著的事，我壓根就沒有想過那些事情。

一聽到要掃描我大腦，我又緊張起來。他們好像立即就猜到我的擔心。

「不會有任何問題的，我們的技術絕對安全！」蘇代爾靠近我，帶著一些詭秘的神情，大腦立即出現這樣的話，

「我們所在的星球實際不止一個，嚴格地說是一個星系，在主星球周圍有許多星球，就像你們地球所在的太陽系，存在著許多行星和衛星。」

「你們的星球在宇宙什麼地方，是不是在銀河系裡？離我們地球有多遠？」

「這個問題，按照我們的習慣，是不會回答你。」

「我要在你們星球待多長時間？」

「按照你們地球上時間，大概一個月。」

「這麼長時間，我的家人會非常著急的。」

「不會的，我們的時間流逝和你們不一樣，你參觀我們星球的時間加上飛船來回的時間，都不會超過你們地球上的一夜時間，我們會在天亮之前會把你送回來的，沒有人發現你到我們星球來旅行，包括你的家人。」

諾頓的話我將信將疑，「你們有這麼大的本事？你們能不能使時間倒流？」

「時間倒流我們是做不到的，時間的倒流就是要改變時間流逝的快慢，似乎可以通過改變時間流逝的快慢來達到時間倒流的目的。

但是，時間流逝的快慢是一個比較概念，宇宙中不同的星球，不同的地方時間流逝的快慢可能是不一樣的。

只有通過兩個不同的地方相互比較，時間流逝的快慢才有意義，你說同一個地方時間流逝的快慢是沒有意義的。

比如，物體的大小，只有不同物體之間的相互比較才有意義，同一個物體，比較大小是沒有意義的。

我們用人工場場掃描技術，對某一處空間照射，可以使局部空間充滿能量場，來達到改變時間流逝的快慢，這種技術可以使一個地方的時間流逝慢於另一個地方的時間。這個在我們在星球上叫時間的勢差概念。

相反也我們可以做到，就是可以使一個地方的時間比另一個地方的時間流逝得快。同一個地方沒有時間快慢的概念，時間倒流是做不到，因為時間倒流首先要求是在同一個空間區域、同一個地點所發生的事件。我說過，同一個地點的時間流逝快慢是沒有比較意義的。」

諾頓很有耐心地解釋，可是我腦子木木的，聽不明白。

「我們現在也可以在局部的空間區域裡實現一些時間倒流現象，但是，只能使某一個事件迅速地倒退到以前的狀態，再重新開始，完全的、純粹的、逐步的時間倒流現象我們做不到。」物理學家蘇代爾的補充解釋我是更加聽不懂。

「還有什麼問題嗎？」諾頓盯著我的眼睛問，我的耳部出現這樣的話，

「我們現在驅動飛船返回。」

諾頓用手在空中劃了一下，突然的出現了一個白色的、細膩的、西西方方的立體煙霧塊，隨後這些煙霧又變成了三維立體畫面，上面閃現著一些我不認得的文字，諾頓用手指在操作。

我的耳部傳來一個清晰標準的、甜美的女性聲音，在不間斷地說話，我的身體突然感覺一輕，我猜想，我們已經飛向他們的星球。

和果克星人聊飛碟的奇妙旅程：外星人的飛碟之謎

每當我的身體感覺一輕，總是聽到耳朵裡不知道是從什麼地方傳來的一個輕柔甜美的、粘人的女性聲音，在不停地說話。

我看到了立體虛擬螢幕上出現一個星球，隨後又迅速地消失了。我看到我們前進的示意圖，有時候走的是折線。

他們把飛船啟動起來後就沒有事情了，讓那些機器人看著立體虛擬螢幕操作飛船，我們開始聊了起來。

我很好奇的是這個飛船，也就是對我們乘坐的飛碟產生了興趣。

「我們乘坐的這個飛船，就是我們地球人經常提到的飛碟吧？」

「是的。」

「飛碟飛得很快是吧，我看到我們有一個雜誌上說，飛碟最快的時候，可以以光的速度飛行，也就是每秒鐘30萬公里，是不是這樣的？」

「是的，飛碟最快是以光速在運動，」蘇代爾說，

「飛碟有三種時空狀態。一是零品質的激發態，這種狀態下飛碟靜止品質為零，有一個確定的運動品質，並且始終以光速運動著。

飛碟這種狀態其實和自然界中發出的光的時空狀態是一樣的。

二是微小品質的準激發態狀態，飛碟這種情況下，品質按照你們地球上的標準只有萬分之一克左右。可以靜止，可以以小於光速的任意速度飛行，可以在你們地球表面空氣中懸浮，也可以隨時激發為零品質的激發狀態。

三是處於平常狀態，飛碟完全靜止，裡面的品質變化動力系統關閉，具有一個和平常物體一樣確定的品質。」

「你們的飛碟這麼強，其飛行原理是什麼？一定很複雜深奧吧？」

「飛碟飛行原理其實很簡單的，用你們的漢語描述只是一句話。」蘇代爾說，

「宇宙中任何物體，如果你使它的品質變成零，就在變成零的剎那間，會突然以光速運動。這個就是光速飛碟的飛行原理。」

飛碟的飛行原理這麼簡單？大大出乎我的預料。可是怎麼能夠使物體品質變成零呢，我想這才是一個真正的難題。

「自然界存在著兩種截然不同的運動方式，一種是量變，一種是質變。普通的運動就是量變，你們地球上的科學家牛頓、伽利略很好地描述了這種運動。

你們地球人掌握的飛機、汽車的運動原理，就是遵守動量守恆，你們地球上的動量是品質乘以速度，受力就是動量隨時間的變化程度。你們的飛機也只能在地球大氣層內飛行。

而在我們星球上，動量是向量光速減於物體的運動速度，再乘以物體的品質「P = m(C-V)，P是物體的動量，m是物體的品質，V是物體的運動速度，C是向量光速，向量光速方向可以變化，模為

標量光速c，c不變」。

將這個動量對時間求導數（他們直接翻譯過來的話是求變數），出現4種力「F = (C-V)dm/dt+m(dC/dt –dV/dt) 其中d是微分號，t是時間」，這就是宇宙最基本的4種力。物體受力也是物體的動量隨時間變化的程度。

不過，飛碟只是品質在隨時間在變化「其中的F = (C-V)dm/dt部分就是飛碟動力學方程」。飛碟品質剛開始減少的時候，速度是不變的。當飛碟品質減少到零，速度就突然變化到光速。飛碟的速度的變化是突然的，從零可以突然達到光速。飛碟的速度只有開始時候的一個初始速度和光速這兩個量，速度的變化不是連續的，」諾頓解釋道：

「我們的飛碟的運動原理是另一種運動方式——質變，也就是飛碟的品質可以隨時間變化。這個在我們星球上叫加品質運動。

當這個飛碟的品質從某一個量變成了零，飛碟不需要再另外用力加速，就一定會以光速一直慣性運動下去，除非遇到內外原因來改變這種運動狀態。

宇宙中任何相對於我們靜止的物體，周圍空間都以向量光速向四周發散運動，這個就是物體產生品質和電荷的根本原因，品質就表示物體周圍（立體角4π角度內）光速運動空間位移的條數。

如果你想辦法使物體周圍空間的光速運動消失，那這個物體就沒有品質了，沒有品質、品質為零的物體不需要另外施加力，就一定相對於我們以光速運動。

背後的原因就是宇宙一切物體都有一個靜止動量——品質乘以向量光速「P靜 = m'C'，m'是靜止品質，和運動時候的品質m不一樣，C'是物體靜止時候周圍空間的向量光速，和物體以速度V運動時候周圍的向量光速C方向不一樣，但是，模仍然一樣，都是標量光速c」，而靜止動量是守恆的。

當靜止動量的速度部分為零「(C-V)=0」，品質部分就變成了無窮大，無窮大是我們很討厭的，令我們很討厭的無窮大如果不出現，還存在了另一個可能性——靜止品質為零。

你們地球上相對論中認識到了靜止能量，但是，沒有認識到靜止能量產生根源是靜止動量。」

我似乎聽懂了一些，看來飛碟就是品質轉化為速度，速度轉化為品質，就問：

「那你們的飛碟就是可以以光速飛行，我在我們地球的書本上看到，宇宙空間中，一般星球離我們的距離都是很多光年，你們的飛碟就是以光速飛行也是要很多年的？你怎麼說飛到你們星球只要幾個小時，難道你們離我們很近，就一直隱藏在我們附近？」

「當物體以光速運動的時候，沿運動方向所在的空間長度縮短為零。」諾頓的話讓我有些吃驚。

蘇代爾補充道：「就是你們地球上人所說的，遠在天邊近在眼前。」

「沿運動方向的空間長度為零，那你們飛碟以光速飛行時候豈不是不需要時間？那你們為什麼說，飛碟飛回你們星球要幾個小時？」

「比如，一個品質450噸（具體數字忘記了）的飛碟，飛碟起飛時候如果從450噸變成零，這個過程需要時間，這個叫轉換時空狀態。飛碟降落時候從品質為零變回450噸，這個過程也需要時間。

實際上，飛碟在我們星球時候，首先用外部的場能量，使飛碟的品質減少到一個很微小的量，比如0.450克，達到準激發狀態。

起飛的時候，再用飛碟自身攜帶的能量，使飛碟從0.450克到零，飛碟品質一旦變到零，就處於激發狀態，不需要另外施加力，就一定突然以光速運動起來。

當飛碟到了你們地球，也不是把品質變到450噸，而是變到一個很微小的量，為什麼要這麼做？是為了節省能量。因為飛碟品質變化、轉換時空狀態需要很大能量，而飛碟自身不能攜帶過多能量。」

諾頓解釋道：

「當有稀薄的氣體檔在飛碟前面，飛碟零品質飛行時候和這些稀薄的氣體碰撞力為零，和飛碟不發生相互作用力。並且，這些氣體品質太小，也不能改變飛碟的時空狀態，

飛碟也可以產生產生斥力場直接把氣體推開。由於場的本質就是以圓柱狀螺旋式運動的空間，是無形物質，和空氣摩擦不產生聲音，這兩種做法都可以使飛碟在空氣中飛行毫無聲音。

但是，遇到了一個星球，品質巨大，如果不避讓，飛碟會鑽進去，飛碟很快就會轉換時空狀態，從激發態轉換到正常時空狀態，這樣，飛碟是要出事故的。

如果有辦法使整個星球轉換時空狀態，變成零品質，那飛碟可以沒有阻力地穿過整個星球。但在實際上，我們也沒有辦法使整個星球轉換時空狀態，原因是需要的能量特別巨大。

我們只能避開星球，避開星球時候，飛碟要轉換狀態，如果我們的飛碟在飛行途中，沒有星球阻隔，飛碟只是在起飛時候品質變成零這個過程需要時間。到了星球，飛碟降落時候品質從零變化到某一個微小的量需要時間，而中途飛行時候不需要時間。

飛行途中耗費的時間，主要是在轉換時空狀態來避讓星球。」

蘇代爾說，

「按照你們地球上的相對論，假定我們星球離你們地球有50光年遠，一個飛碟從我們星球出發，

以光速飛到你們星球後立即返回，你們星球人和我們的人都認為飛碟來回需要100年，只是飛碟內部的乘客認為來回只是需要幾個小時。」

「你說這個是不是真實的？如果是真實的，那你們星球上也是要慢慢等待你們回來，你們來一趟地球也是不容易的啊。」我說。

「真實情況下，還要考慮我們星球和你們地球之間的時間流逝的快慢。宇宙中不同星球上時間流逝快慢是不一樣的。能夠形成了一個時間差，這個我們叫做時間勢差概念。

由於這種時間勢差效應是天然形成的，所以又叫天然時間勢差，相應的又有人工時間勢差。如果我們星球的人測量出時間勢度比你們地球上要高，飛碟以光速飛到你們地球上，我們星球上的人認為不需要50年就可以到達你們地球。

但是，從地球再飛回來，消耗的時間要超過50年，一來一回正好相互抵消，所以，你肯定的認為這種時間勢差沒有什麼真實用處。

你這樣想就錯了。

我們正是利用這種時間勢差效應，使得我們在我們星球上，根本就不需要等100年，才可以把飛碟等回來。

星球之間天然的時間勢差效應很小的，特別是相聚距離不遠的星球，更加的小，在實際應用中幾乎沒有什麼價值。

時間勢差的形成，就是相對運動，由於每一個星球都在旋轉，相對遙遠的星球，有一個很大的旋轉運動線速度，所以，我，嗎相對遙遠的星球，會有一個很大的時間勢差。

但是，我們可以用人工方法獲得的很大時間勢差效應，可以使本來需要等待100年的時間變成了一個小時不到。

我們採用人工場掃描對飛碟周圍空間照射，來製造一個能量場，使飛碟處於這種能量場之中，人為的改變飛碟所在的時空，使飛碟周圍的時空和你們地球時空形成一個很大的時間勢差。

這樣，飛碟到了你們地球，根本就不需要50年，可以在很短的時間內到達你們地球。

飛碟再從地球返回到我們的星球，再用同樣的方法，我們利用飛碟自身的設備人為的改變飛碟周圍時間勢差，再飛回到我們的星球上。

在我們的星球上的觀察者發現，根本不需要等100年，飛碟可以在一個小時不到的時間裡返回來。

甚至更短的時間，這個取決於能量場的強度。

要實現以上的人工製造的時間勢差，使飛碟和地球、外星球形成巨大時間勢差，不僅僅需要能夠改變時間、空間的人工場掃描，還需要測量地球和外星球的時間勢度。」

蘇代爾這個話，我根本就不能理解。

「我換一個問題，剛才的問題我不能消化啊。

我們地球人對你們的飛碟也有觀察，發現你們的飛碟突然劇烈加速運動，裡面乘客受力也是巨大的，我想問你，你們是怎麼減輕飛碟裡面乘客的受力？還是你們的人身體特殊，可以抗擊超過地球人幾百倍、上千倍的受力？」我問道。

「飛碟是以零品質或者微小品質飛行，裡面乘客受力是加速度乘以品質，品質為零加速度即使巨大，乘客受力仍然是零，或者很微小。

飛碟零品質或者接近於零，和別的物體的碰撞力、摩擦力為零或者極為微小，摩擦的本質也是一種微小粒子之間的碰撞，這個就是飛碟在你們地球空氣中飛行沒有聲音的一種解釋。」物理學家蘇代爾給我解釋。

我似乎有些理解了，繼續問：「要怎麼樣才可以把飛碟造出來啊？或者說飛碟是怎麼造出來的？」

「你回到地球想把飛碟造出來？」微麗反問，「你造出了飛碟，你好坐上飛碟到處跑。」

「活活，」蘇代爾笑了，「如果前哥駕駛時候不小心，跑到他們地球附近的火星上，不知道怎麼回來，那麻煩就大了。」

「那前哥乾脆就在火星上生活，」微麗有些嘲諷地說，「如果前哥有個地球的女朋友，他們就慘了，他們只能很悲傷地思念對方，他們的電影就經常出現這個鏡頭，不是嗎？」

「我沒有女朋友，我也不想到火星去。」我想反擊他們的嘲諷，但是忍住了。

諾頓說：

「憑前哥一個人的力量，怎麼會造出飛碟，如果他掌握了飛碟的原理，而且他們星球的人相信了他的理論，地球人就會發瘋地投入力量去研製飛碟，就像地球人當初研製原子彈那樣，只有這樣，地球人造出飛碟才是有可能的。」

「那研製一個飛碟，要多少錢？」我問。

「和你們地球上研製原子彈的費用差不多。」諾頓回答。

「毫無可能的，當前哥回去了，告訴他的地球同伴，飛碟是怎麼一回事情，應該怎麼樣才可以做出飛碟。啊，結果你們猜怎麼著？他的地球同胞說，哦！哪來的瘋子。」蘇代爾繼續嘲諷地說。

我覺得蘇代爾的話刺耳，但是，這種可能性是最大的。

「那你們飛碟肯定要攜帶許多能量，你們用的是什麼能源？」

「核能，中子能量都可以，別忘了，飛碟長途飛行中屬於慣性飛行，不需要能量，只是在開始起飛時候品質變成零、轉換時空狀態需要巨大能量。

飛碟在我們的星球上起飛的時候，我們先用外部電能或者場能，使飛碟品質大幅度的減少到一個微小的量。」諾頓提醒我說。

「那你們的飛碟為什麼要做成圓圓的碟子狀，飛碟飛行的時候，是沿著哪一個方向？飛碟的動力系統大概是什麼樣子，是怎麼一回事情，能簡單說一說嗎？」我問。

「飛碟實際上和你們地球上的粒子加速器差不多，飛碟邊緣的圓圓部分是一個環形空腔，裡面就是環繞帶電粒子流。

這些帶電粒子是同一種電荷，相互排斥，所以，密度不能提高。讓這些帶電粒子高速環繞運動，可以把電場轉化為磁場，這樣做就可以增加電荷的密度。

小型的飛碟的門一般開在飛碟的底部，如果開在側面，會破壞飛碟的環繞帶電粒子流。

大型飛碟一般攜帶大功率的人工場掃描設備，掃描飛碟外殼，使飛碟外殼處於激發態，使人員直接從飛碟外殼進出，一般是不需要留下門的。

飛碟光速飛行的時候，運動方向和飛碟的碟面是垂直的，並且滿足一種右手螺旋關係，設想我們用右手握住飛碟，四指環繞方向和飛碟圓周邊緣線方向，也就是內部帶電粒子環繞運動方向一致，則大拇指方向就是飛碟的運動方向。

如果飛碟到了你們地球上空，處於一種準激發狀態，可以以小於光速的任意速度飛行，也可以用人工來和電腦程式共同來駕駛，其飛行方向可以沿飛碟側面任意一個方向。」

「飛碟到了我們地球上空，是不是再安裝一個普通發動機，像我們地球上的飛機那樣，攪動空氣來飛行？」我問。

「不是的。我們的做法是使飛碟從準激發態過渡到激發態，使飛碟以光速運動起來。但設定的飛行時間極端，使飛碟飛行很微小的距離後，又回到準激發態，再從準激發態過渡到激發態，再飛行微小的一段距離，飛碟就這樣反覆不斷地轉換飛行狀態來飛行。

這種飛行方式也是電腦程式控制，或者輔佐控制。

飛碟以這種方式在你們地球上空飛行，從外部看，飛碟可以以任意速度飛行，還表現出沒有慣性，可以直角轉彎，具有極高的機動性，飛行的軌跡。在你們地球人看來顯得很奇怪。」

蘇代爾糾正了我的看法。

「飛碟的動力到底是什麼？怎麼使飛碟光速運動，或者說怎麼使飛碟的品質變成零？」我仍然在把問題搞清楚。

「飛碟的動力系統，基本原理是電磁場和引力場的相互轉化。

當磁場垂直穿過一個曲面，磁場發生變化時候，可以產生了沿曲面邊緣分佈的環繞線狀電場和環繞線狀引力場，並且，在某一個瞬間，由於時空等價性，也可以說在空間某一個點上，變化磁場與產生的引力場、電場三者相互垂直。

變化電磁場是運動電荷產生的，運動電荷產生的引力場是連續分佈，萬有引力產生的引力場是以一個點為中心對稱分佈，如何把連續分佈的引力場變成點對稱的引力場，這才是關鍵。」

蘇代爾為我做出解答。

接著，諾頓告訴我：

「你們地球上科學家法拉第的電變磁、磁變電，利用電和磁的相互轉化，使電能在你們地球上得到了大規模的應用，對你們地球人產生了深遠的影響。

法拉第說變化磁場產生垂直方向電場，其實在另一個垂直方向還產生了引力場，這個時候變化磁場、電場、引力場三者是相互垂直的。

飛碟的飛行原理就是利用了電磁場和引力場的相互轉化，變化電磁場可以產生了正、反引力場，特別是反引力場對物體照射，可以使物體品質減少，可以一直減到零，物體的品質只要變成了零，就處於激發狀態，一定突然以光速運動起來。這個就是飛碟的能夠光速飛行的原因。

你們地球上大規模用電，而我們星球上不用電，使用人工場掃描。變化電磁場產生的正、反引力場，在電腦控制下工作就叫人工場掃描。

如果你們地球人掌握了電磁場和引力場的相互轉化，不但可以造出光速飛碟，也可以誕生出人工場掃描技術。人工場掃描不僅僅只是讓物體品質變成零以光速運動造出光速飛碟來，還有許多其他不可思議的應用。

主要有建築、工業製造上的大規模冷焊，在電腦控制下為人治病，可以產生瞬間消失運動，可以建立全球運動網，還可以製造彙聚太陽能接收器，獲取廉價清潔能源等。

人工場掃描還可以造出許多改變時間、空間的產品，可以製造虛擬建築和光線虛擬人體，還可以處理資訊，可以讀取、存儲人的思想意識，可以使人遠距離直接通過大腦相互交流……」

諾頓他們以上給我的解釋我是難以聽懂，有很多飛碟的問題我也不再問了。

「那你們經常這樣駕駛飛碟到別的星球考察，是嗎？」

「是的，你們地球上我們來了很多次的。」諾頓肯定了我的猜測。「你這個人也是我們長期的考察物件。」

探索果克星球的超光速通訊技術

我們沉默了一會兒，我突然想起來，就問：「你們的飛碟怎麼駕駛？」

「飛碟速度太快，人是無法駕駛的，我們的飛碟都是電腦預先設定程式駕駛。」蘇代爾家說，

「飛碟內部和外部的時間流逝的快慢是不一樣的，不但飛碟內部和外部時空不一樣，飛碟的駕駛部分所在的區域時空和飛碟別的區域也不一樣的。

我們的飛碟想飛到某一個星球，需要預先測量這個星球和我們星球的距離和座標，利用飛碟運動時間來控制飛行距離，把駕駛程式設定後，才可以飛去。

飛碟到了你們地球上，我們使飛碟處於一種準激發狀態停下來。接著我們再使飛碟轉換到激發狀態並以光速飛行起來，但是，設定的時間極短，讓飛碟只是飛行微小的一段距離，又轉換到準激發狀態。

這樣不斷地轉換飛碟的時空狀態，就可以使飛碟在你們地球上空，以一個遠小於光速的任意速度飛行。」

「那你們這個測量是不是要非常準確，如果測量錯了，飛碟會不會出事故？」我問。

「這是肯定的，測量不精確，飛碟和你們飛機出事故那樣，一頭栽在星球上，也是機毀人亡的。

我們先用設定的電腦程式，控制飛碟以光速接近你們地球，到了你們地球附近，使飛碟轉換時空

狀態，以遠小於光速繼續向你們地球飛行。」蘇代爾說，

「不過，這個測量在我們這裡不是什麼難事情。你們地球上測量工具最先進的是鐳射，而我們用人工場來測量，場的本質就是以圓柱狀螺旋式運動變化的空間，用場測量，比鐳射要先進得多。測量要涉及到資訊的傳遞，你們地球上用鐳射測量月球的方位和到地球的距離，需要鐳射反射回來才可以確定。這種方法有很明顯的缺陷，就是離你們地球上很遠的星球，鐳射無法發射到，因為有能量的耗散，另外鐳射發射、反射速度是有限的。

而用我們人工場場掃描，能量的耗散為零，不但可以發射到很遙遠的星球上，而且場可以超光速運動。場的本質就是非實物的空間，可以不受物體運動速度不能超過光速的限制。

我們現在不僅僅是利用場來測量遙遠星球的距離和方位，還可以用場來觀察這些遙遠的星球。不但能夠觀察宇宙的深處，還可以看到比電子、光子更微小的世界，也可以看到星球的內部。

我們也是用人工場掃描來相互通訊，人工場掃描通訊比鐳射和電磁波要優越得多。

比如說，你們地球上人們開著汽車，用電磁波相互通訊，基本上行得通，因為電磁波速度是光速，遠遠的超過汽車的速度。

如果我們開著光速飛碟宇宙中到處跑，再用光速的電磁波來相互通訊，那就是笑話。

所以，超光速的人工場掃描通訊，是我們理想的選擇，也是唯一的選擇。」

「在你們星球上，也是利用人工場掃描來相互通訊嗎？」我問。

「是的，在我們星球上，都是利用人工場掃描來通訊，場通訊的優勢是電磁波通訊沒有辦法比的，可以完全的取代電磁波通訊。」蘇代爾說，

「比如，在你們地球上一個很深的地下煤礦裡，發生了礦難，礦井通道被厚厚的土層掩埋，你們地球上的電磁波信號穿不過厚厚的土層，無法和外面聯繫了。

但是，如果換是我們，我們利用場這種介質來通訊，場的本質就是空間，空間作為介質，可以穿過整個星球，就不存在這個障礙了。

比如，我們探測星球內部，預測地震，人工場掃描很方便。

場傳播資訊，不但穿透力強大，幾乎沒有東西可以阻擋，而且傳播過程中能量耗散極小，衰減小，甚至可以達到零，可以傳播到很遠的地方。只是在信號發生和接受時候需要能量，長途傳播不消耗能量。

場傳播資訊，還有一個明顯的優點，就是速度比電磁波更快，理論上幾乎可以達到無窮大的速度。

電磁波傳播的速度是光速，而根據你們地球上的相對論，宇宙中最快的運動速度就是光速，空間傳播資訊的速度可以比光速還快，這個是怎麼一回事情？

空間是一種特殊的物質，和普通物體粒子很不一樣，普通物體粒子具有品質和電荷。普通物體運動速度不能超過光速，因為普通物體粒子其速度接近光速，其品質趨於無窮大。

電磁波和光本質是電荷加速運動，產生了反引力場，使電荷粒子，一般情況下是電子，使電子的品質和電荷特性消失而處於激發狀態，以光速運動起來。

光其本質也是一種物體粒子，其波動性是空間本身的波動。由於空間時刻以光速在運動，光其實是靜止在空間中，隨空間光速運動而一同運動，其速度也不能超過光速。只要是物體粒子，自然狀態下其運動速度都不能超過光速。

但是，空間由於沒有品質、沒有電荷，和普通物體不一樣，其運動速度不受這個制約。」

「利用場來通訊，等於用空間來傳遞資訊，是宇宙中一種最高級別方式，」諾頓說，

「因為宇宙只有物體粒子和空間兩種東西構成的，凡是利用物體粒子通訊，來處理資訊，都是落後的，利用空間傳遞資訊才是最為先進的。」

「我們不光利用空間來傳遞資訊，在我們的星球上，還利用空間大規模的處理資訊。」蘇代爾說，「我們的電腦和全球公眾資訊網，就像你們地球上的電腦和你們將要誕生的互聯網，我們的電腦是虛擬的，公眾資訊網主要靠空間來傳遞資訊。

我們通過人工場掃描技術，可以使我們所有的人的大腦通過空間，時刻不間斷地和他人、公眾資訊網連結。

所以，我們不需要電腦等其他設備，就可以和別人溝通、聯繫，還可以上網。

我們現在存儲資訊也是在利用空間，我們的宇宙空間資訊場概念中有一個關於空間與信息的基本定理：

宇宙任意一處空間，可以存儲整個宇宙今天、以前、以後所有的資訊。換句話，空間存儲資訊的能力理論上是無窮大的。

只是，在實際操作的時候，空間存儲資訊的能力受到其他一些條件制約，雖然不是無窮大，但是，空間存儲資訊的能力在你們地球人看來，也是十分恐怖的。

當然，你們地球人現階段只是知道糧食、石油、煤、金屬這些看得見、摸得著的東西很重要，很值錢，沒有意識到數位也很重要，資訊、數位更有價值。

你們地球人早遲有一天，也會認識到空間裡隱藏的奧秘，大規模的利用空間來傳播、處理資訊的，存儲數位。」

特別是你們地球人可以研發出光速飛行器後，大規模星際旅行時代，光速飛行器是無法用傳統的光速電磁波來通訊，必須要這種瞬間到達的、接近無窮大運動速度的通訊模式，就是利用空間本身運動，類似於你們地球上量子力學中量子糾纏那種模式。」

大約過了一個小時左右，我看到飛船內部的三維立體圖像突然消失，那幾個紅色的、身體微微抖動的機器人，身體突然收縮到一塊，變得很小，顏色變得紫紅，像液體水珠子那樣散落在地上，後又鑽入飛船內部不見了。

神秘的標準聲音又在我腦海中（感覺不是在耳朵中）出現了，「果克星球到了，我們現在下去。」這個柔美的女性聲音，一路上在不停地說話，好像在介紹著什麼。

不知不覺中，我們已經到了他們的星球。他們幾個人從裡面走出來，「飛行結束了，已經到了我們的星球，我們下去吧。」

飛碟倉庫：奇特的果克星球交通樞紐

我一陣激動，心裡想像著這個星球是什麼模樣，我想這個星球科技高度發達，肯定是非常繁華，大街上肯定是人來人往，非常熱鬧，人們的穿著肯定是非常時髦，甚至稀奇古怪。大樓一定非常漂亮、高大氣派，各種古怪的汽車在跑，可能是汽車在空中飛呢……。這個星球有沒有什麼大的領導人來迎接我們？或者有個什麼群眾歡迎會什麼的？我們不是走下去飛船的，只是感覺身體一飄，我們就離開飛船了，眼前景物大變。出現在我眼前的沒有歡迎入群，也不是這個星球城市的繁華大街，我看到了許多大小不一的飛碟在架子上。

有一架飛碟周圍來了幾個機器人，圍著這個飛碟，可能就是我們剛才乘坐的飛碟。我想這裡應該是飛碟倉庫吧？

我現在近距離的看著剛才我們乘坐的飛碟外部，明顯是金屬外殼，鉛灰色的，沒有焊縫，外表沒有任何窗戶、孔洞之類，也看不到突出的燈，但它是怎麼能夠向外射出來光線？這個飛碟到達地球時候，可以懸浮在地球上空，人員是不是就從底部進出？飛碟內部因為一個很粗的大柱子，大柱子中間是空的，和底部的門是連著？

我還看到一個飛碟剛剛起飛，起飛的時候，突然躍到空中，離開地面大約一公尺高，左高右低、再右高左低搖擺幾下，然後逆時針旋轉起來，幾秒鐘後突然消失不見。

這個時候，我的大腦遲鈍的感覺消失，和正常情況下一樣清晰了，人的精神也好起來了。

我抬頭仔細地觀看了這個飛碟倉庫，非常的巨大，一眼望不到頭，而且非常地高，有幾十層大樓高，架子上放著許多層飛碟，大小不一，懸殊很大。

我站在地面，心想這麼大的倉庫，空間這麼大，他們的牆壁和屋頂是什麼材料做成的。

這些材料可能地球上是沒有的，因為房屋太過於巨大，跨度估計有幾十公里長，中間又沒有一根柱子，感覺是不可思議。

而且，我站在地面，覺得自己的身體比地球上沉重了不少，感覺有點吃力。我想這個星球的引力肯定比我們地球上要強，這個就要求屋頂材料強度要更加地強。

我望著屋頂，心想這樣大的跨度，他們倉庫到底是用什麼特殊材料製造的？

倉庫的屋頂太高，我看不清楚。我走到了倉庫的牆壁，仔細的觀察起來，發現倉庫牆壁是柔和細膩的黃色，非常細膩，毫無瑕疵。

我感到不解，一個牆壁，有必要做得這麼考究嗎？我再仔細的看一看，發現牆壁就像飛船上那些機器人的身體，像無數細膩的微小東西組合的，在微微地抖動，這種抖動不是整體有規則地在抖動，給人一種紛紛擾擾的感覺。

我又用手去摸一下牆壁，發現牆壁是空虛的，我的手好像被一股無形力量擋住，我的手越往裡伸，阻力就越大。這種阻力如同兩個正極對正極的磁鐵相碰而相互排斥一樣。不過，我感覺這個排斥力是非常強大的，一般吸鐵石是沒有這麼大的力。

「這個牆壁應該是虛無物質做的吧？」我心裡問。

「對！這個是人工場產生的一種虛擬建築，人工場發生器，它發出了兩種場，一種以平面對稱的斥力場，和你們地球上的引力場正好相反。以一個平面為中心，可以把一切東西向外推。

平面中間部分叫光線凝固場，可以把外界照射來的光線凝固在一定的空間範圍內。你看到的黃色光，這個是光線凝固場只是選擇了凝固黃色，放棄了其他的顏色。

我們也可以選擇凝固藍色、紅色、綠色——及其他顏色，只是根據設計者的喜好而已。

這些光線是周圍環境中採集的，如果是在夜晚，光線採集的量少，你看到的牆壁就暗淡一些。」

那個神秘的標準男性聲音又在我腦海中出現了，這一次不像是在我的耳部，繼續對我說，

「你很聰明，認識到牆壁和屋頂都是虛擬的，其實只是一種能量存在形式。如果一按人工場開關，牆壁和屋頂都立即消失得乾乾淨淨。

如果受到物體意外的撞擊，這些虛擬牆壁和屋頂也可以經受抗擊，其強度要遠遠高於真實的牆壁和屋頂，不過，仍然有個限度。

如果撞擊的速度和力量超過一定的極限，物體仍然可以撞進來，對虛擬房屋內部的物體造成破壞，這個也取決於我們設計的強度，很顯然，強度的級別和能量成正比。

你可能對此感到奇怪，我們的星球其實就是一個高度虛擬化的星球。」

沒有想到，踏上了這個星球，遇上第一個不可思議的東西竟然是虛擬牆壁。

揭開果克星球神秘的全球公眾資訊網

「你們的星球在銀河系裡嗎？離我們地球有多遠？」我在心裡問。

那個標準聲音這一次沒有回答我。

這個聲音從哪兒來的？從在地球上我老家的房子裡，一直到這裡，這麼一直跟著我，一直在我耳朵裡說話。有時候又好像不是聲音嗎，只是一個意念，在我腦海中自然而然地出現，不像是耳朵聽到的。是不是他們在我身上安裝了一個翻譯器？可又是翻譯了誰的話？誰在和我說話？誰在告訴我？還是存在了另一個我，在回答我？那個標準聲音沉默了，仍然沒有回答我。

「你是誰，我看不見你，你怎麼總是能夠跟著我？」我在心裡問。

「我是區圖300飛船（我們乘坐的飛碟名字，具體名字忘記了）資訊服務的智慧系統，可以遠端為你提供兩種語音服務，一種是我們使用的截頻技術，直接把語言信號輸入到你的大腦中，另一種是把聲音輸送到你的耳朵裡。」

「在我家裡聽到的聲音，也是你嗎？」我在心裡問、

「是的，那時候區圖300飛船就在你家上空，為你提供語言資訊服務。你現在雖然已經踏上了我們的星球，但是，你現在離區圖300飛船仍然很近，仍然是飛船裡面的設備在為你提供語言資訊服務。

我們的星球有兩大網路，一個是全球公眾運動網，可以令物體、人員在全球範圍內光速移動，一個是全球公眾資訊網，可以在全球範圍內為每一個人提供資訊服務。」這個標準聲音說，

「只要你走出這個飛碟倉庫，區圖300飛船的資訊服務智慧系統將不再為你提供資訊服務。全球公眾資訊網將接替我，為你提供資訊服務，全球公眾資訊網功能強大。只要處在我們的星球上，至少可以為你提供四種資訊服務：

一種是利用截頻技術把聲音資訊直接輸送你大腦裡，一種是利用截頻技術把三維立體圖像資訊直接輸送你大腦裡，一種是人工場掃描技術遠端造聲音輸送到你的耳朵裡，一種是人工場掃描技術遠端的製造三維立體圖像出現在你眼前。所有這些都是遠端、非接觸式輸送的。」

後來，我了解到，他們的全球公眾資訊網就相當於我們現在的互聯網。所不同的是，他們的全球公眾資訊網可以通過空間來遠距離的傳輸資訊，他們每一個人的大腦都可以直接連入全球公眾資訊網。

這樣，他們的人在他們星球上時刻可以和全球資訊網、全球運動網不間斷地連接著。

所以，他們很多知識都不需要學習，需要了解的時候，直接就可以通過大腦進入全球資訊網搜索，這個和我們現在上網查詢資料是一樣的，特別是一些死記硬背的知識，他們根本就不需要學習。從某種程度上講，他們全球所有的人大腦可以共用某些資訊。

他們沒有老師，也沒有我們學校之類的場所。

對於一些靈活的、創造性方面的知識，他們用所謂的「截頻」技術，就是用人工場掃描技術，在人大腦外部向人大腦內部，用非接觸的方式掃描輸送資訊。接受人躺在床上，一覺醒來，就掌握了很多知識。

他們還用這種方式，把自己很多記憶在身體外儲存起來。

他們的截頻技術，還可以玩虛擬旅行，睡著床上、閉上眼睛看電影、玩遊戲，和遠方的朋友交流等。

踏上果克星球的熱鬧大街

我們從飛碟倉庫出來，沒有走幾步路，突然周圍環境巨變，瞬間就出現在他們星球的城市一個大街上，我定眼一看，出乎我的意料，他們的星球完全不是我想像的那樣。

一眼看去，到處是特別高大的建築，有的房子一眼看不到頭，我當時就想，不應該造這麼長，中間應該分開，好方便行人和汽車走路，為什麼要這樣造呢？

大街上一切東西都非常的整齊、簡潔，不但房子特別地整齊，樣式簡潔，連馬路都非常地乾淨整潔，毫無瑕疵，路面呈青色，不知道什麼材料製作的，像是一種塑膠製造的。

道路兩旁有著許多稀奇古怪的植物，栽得一排一排的都極為整齊。

沒有看到任何樣式的汽車，也沒有看到任何交通工具。沒有看到電線，空中也看不到飛機，當然也看不到他們的飛碟，飛碟可能太快了，所以才看不到。也沒有看到任何形式的商店、酒店什麼的。

那些高大的房子很多如同飛碟倉庫那樣是虛擬牆壁，有些明顯看出來是真實的建築，不過，這些真實的建築沒有虛擬建築的高大。

虛擬房子的牆壁上有門窗一樣大小不同顏色，位置也恰巧和門窗的位置吻合，我估計牆壁上這些不同顏色區域，就是虛擬房子的門和窗戶。

有的房子根本就沒有門窗，有的房子孤零零的懸浮在空中，下面沒有任何支撐物。

高空中的房子有的是倒三角形的，有的很高，似乎是處於太空中。有的房子上空孤零零地飄著巨大的、可能是他們的文字，類似於英文，和房子沒有任何連結。

我當時想，我這一次是真的踏上了外星球，這裡絕對不可能是地球上的某一個地方。

從電影上看，無論是哪一個國家，也不是這個樣子啊！我心裡僅存的一點兒幻想——我這一次可能仍然只是到了地球某一個地方，徹底破滅。

果克星球的大街，作者手繪

不過，我當時緊張不安的心情反而釋放了不少，既來之則安之。果克星球上絕大部分人不用勞動，日常生活就玩，我注意到這個星球陽光特別燦爛，但是，有點陰冷，照射到身上感覺不暖和。

各種景物特別的鮮豔，而且能見度極好，感覺很遠的地方景物看起來都是極為清晰的。植物的顏色大部分也是綠色的，也有不少介於綠色和黃色之間的顏色，但明顯比我們地球上植物的顏色要鮮豔，沒有枯黃的葉子。

後來我知道，他們星球也是圍繞一個發光的恒星在旋轉，他們星球上照射到的恒星能量，明顯比我們地球上獲得的太陽光在單位面積上能量少，植物長期進化，顏色鮮豔，可能是能夠提高植物的光合作用效率。

也可能是他們的空氣中灰塵、顆粒物極少造成的。

他們地面非常乾淨，沒有一個樹葉、雜物。

他們把地面全部覆蓋著，植物的根部在地面交界處，都用特殊材料包裹著。

他們在居住人口比較密集的區域中，地面全部有類似塑膠的東西覆蓋著，這種材料比我們地球上水泥升級了，非常耐磨，有一定的彈性，和別的東西摩擦，產生的灰塵極少。

他們的野外沒有沙漠之類的，植被很好。河流的堤壩都被人工建築覆蓋著。

他們不但不讓灰塵散發到空中，而且他們還有專門吸附灰塵的系統在不停的工作。樹的落葉還沒有墜落在地上就被瞬移走了，植物的葉子一發黃，就被清除了，地面也不存在有任何垃圾。

他們的工業使用人工場掃描冷加工，沒有煙筒，大部分工業設置在另外一個工業星球上。

另外，他們全球百億人，共同使用一個交通工具——全球運動網，只要把自己的運動請求發上去，可以一秒鐘內出現在全球任何地方。

所以，他們沒有汽車、火車、飛機等交通工具在地面摩擦而產生灰塵。

他們的環保做得太好了，好得過了頭。

但是，對於我們地球人，他們告訴我，如果在上面生活時間長了，免疫功能會嚴重退化。只是他們的人不在乎這個，他們的醫療極為發達，可以輕鬆地應付這個問題。

他們的大街上行人不多，三三兩兩的，不緊不慢地走路。有的人什麼都不帶，在空中以巡航的姿態行走，離地面大約一公尺高。

我還發現，這些人明顯的有男有女，身高都在一公尺左右，年齡都差不多，個個都是非常地漂亮年輕，像我們小學、幼稚園的小朋友，看不到一個老人和嬰兒。

看到他們的人群，第一眼的感覺就像看到我們幼稚園放學時候的場景。

這些人都是非常精緻，皮膚也是非常細膩、柔和的粉白色，毫無瑕疵，而且看起來是一種漫反射，不是鏡面反射的那種。

後來，我了解到，他們的人可以借助於他們的全球運動網和全球資訊網，遠端修飾自己的外表，就像我們現在的自媒體直播開美顏，我看到的他們外表，不完全是真實的。

這些女人的衣服好像和身體是融為一體的，穿著樣式很簡單，一般是裸露出手臂，上身一件緊身內衣，非常的貼身，好像就是把裸露的上身圖上顏色而已，連著下身一個小的類似裙子的東西。很多人裙子外有許多管子呈現下垂的狀態，管子感覺重量很輕，可以隨著走路而飄動。他們穿著都很暴露，都是夏天的穿著打扮。

他們有的人，身上衣服的圖案像我們的電視畫面那樣，在不停的變化。

他們身上的衣服看起來不真實，尤其是從背後看，一種怪怪的感覺。後來，我才知道，他們的衣服是全球運動網和全球資訊網遠端的在他們身上製造的虛擬影像，不是真實的衣服，他們的衣服都是虛擬的。

這些人幾乎都是赤腳走路。

女人的頭髮一般都是向外膨開，一束一束螺旋式的，而男人的頭髮一般是緊緊地盤在頭上，頭髮的顏色各種各樣的，非常豔麗。

我還發現一個現象，這些人走路都是空手，就是女人也沒有任何包包之類的東西帶著，這個又是為什麼呢？我當時無法理解。

我還注意到一個現象，就是無論男女，很多人走路的時候，肩膀邊或者頭上漂浮著一個三維立體圖像，圖像內容千奇百怪，有的是小動物模樣，有像文字，有的像複雜的機器，有的看不出名堂，不知道屬於什麼類型，有的圖案是在不停地變化著。

我在心裡好奇，這些人頭上漂浮著這些是什麼？

「這個是人工場掃描的遠端虛擬成像技術生成的，是一種簽名，標籤，自我顯示、標榜的意思，也有表示、展示自己個性的意思。」那個公眾資訊網客服可溫給我解釋。

可是我還是不太明白，又繼續問微麗他們這個是幹什麼用的。

「啊，可以是人的一種寵物，代表人的一種心情。可以變化的。今天頭上飄著這種圖案，明天可能飄著另一種圖案。」微麗給我回答，可是我仍然不太明白。

「啊啊，不能理解，我只能猜測這些人頭上的圖案，只是你們個人的一種喜好，標榜一下自己，沒有什麼真實的用處。」我說。

「覺得我們果克星球空氣怎麼樣？」蘇代爾問。

「很好」，我的注意力轉移到了空氣上，覺得心曠神怡的，「你們的空氣含氧量比我們地球高，是嗎？」

「是的，」蘇代爾說，

「關鍵起作用的是空氣中的負離子和其他一些氣體，你們地球上空氣有點糟糕。我們以前也試過更高的氧氣含量，發現生物、人體很多不能夠適應的情況，經過反覆實驗，確定這個含氧量是最好的。」

諾頓面對著我說，「我們現在回到我們的住所，以後在帶你詳細地參觀我們的星球。」

「好的，你們的住所離我們這裡有多遠？」

「按你們地球上的距離單位，大約有1萬多公里。」

「那我們坐什麼交通工具去，還是坐飛碟去嗎？」

沒有人回答我，諾頓把手舉起來，猛的一揮，我的耳部出現資訊網客服可溫柔美的聲音：「請求附屬物瞬移被通過，類型：異型生物人。」

我覺得身體一輕，然後又迅速恢復到原來，突然耳部聽見他們相同的一句話：「到家了！」

1萬多公里這麼這麼快？這麼容易就到了他們的住所？用的是什麼交通工具？比飛碟還高級？我什麼也沒有看到啊，只是看到諾頓把手一揮，我心裡充滿了疑問？

揭開果克星球神秘的全球公眾資訊網

我們是直接到了諾頓的住所中，不是像在我們地球上，先到住所門外頭，再從大門進去的。諾頓的家中非常整潔漂亮，也有虛擬牆壁，還有虛擬床、虛擬沙發，有一個像桌子樣的東西，一眼看明顯是實物的。

我們一屁股坐在虛擬沙發上，感覺很舒服的，像一個無形的力在托著自己。

我又跑到了床上坐下去，感覺也很舒服。「如果把這個虛擬床的開關一關是什麼結果？」

「你就掉在地上，就是這個結果。」蘇代爾說著，突然真的一按開關，我一屁股就掉在地上，雖然高度不高，由於我赤身裸體的，感覺有些疼，但是，我努力裝著無所謂。

「不好的行為！」微麗和諾頓表示譴責。

蘇代爾又按下開關，虛擬床又形成了，我被一股無形的力逼出來。但我不敢坐虛擬床了，跑到虛擬沙發上坐下來。

「旅途累不累？」微麗坐在我身旁，突然關心起我。

「旅途不累的，就是到了你們星球，覺得身體重一些，赤腳走路有些吃力。」

我一邊回答，一邊把身體扭過去，不敢正面對著微麗。因為我沒有穿衣服，赤身裸體的感覺，雖然看到自己腰間的白色氣霧狀虛擬影像仍然在，但是，出於一種本能，仍然感覺很難為情。

以後，在他們星球上，每一次突然面對女性，我因為赤身裸體的感覺，都不自主地、慌忙地看看腰間的白色氣霧狀虛擬圖案在不在。

我發現果克星人，他們其實也是赤身裸體的，衣服也是虛擬的，但是，他們早就習慣了，完全不像我一見到異性，就慌忙看下身的習慣。

從外星球回來後，我仍然有這個習慣，一見到年輕女性，就慌忙看下身，持續了好多年，才慢慢地改變。

「我們的星球比你們地球引力強，所以你覺得自己比在地球上重一些。這樣會讓你時時刻刻不舒服的。」諾頓說，

「我來請求全球公眾運動網把你的體重減輕。」

「什麼，全球公眾運動網？」我感到不可思議。「人的體重可以通過什麼全球公眾運動網來減輕？不在人身體上分離什麼東西出去，怎麼就可以從外部減輕人的體重呢？全球公眾運動網又是什麼東西？」

「我們從飛碟倉庫到這裡一萬多公里，用的就是全球公眾運動網。」

諾頓說完，在一個桌子上，隨手抹了一下，桌子上方立即出現一股細膩的白色煙霧。一會兒，白色煙霧又變成立體畫面，和飛碟中我看到的立體畫面一樣，畫面中出現了許多外星文字。

我發現這些外星文字有點像英文，好像是一些基本字母組合成，不像我們漢字那些的象形文字。

諾頓用手優雅的操作，我耳部出現一個柔美的女性聲音：「全球公眾運動網歡迎你……」

諾頓弄了一會兒，我突然覺得自己身體一輕，感覺輕鬆不少。啊，真是太奇怪了，諾頓用了什麼東西？諾頓說是全球公眾運動網，這個到底是什麼東西？

諾頓對我解釋道，

「全球公眾運動網主要設備是我們星球上空的人工場發生器，這個發生器和你們地球上空的同步衛星一樣，繞我們星球在同步旋轉，我們的星球也有自轉，不過，人工場發生器比你們地球的衛星要大得很多。

我們的星球一個有9個，影響範圍覆蓋整個星球，這些設備可以向全球任何一個地方發射一種特殊的、人工製造的場——人工場，實際上就是影響空間，進而影響空間中存在的物體。

人工場發生器加上全球定位系統、電腦、全球公眾資訊網，組成了全球公眾運動網。

當我們出門旅行，希望全球運動網提供幫助，大概過程是這樣的，我們首先把自己的運動請求通過公眾資訊網傳遞到太空中的人工場發生器。

人工場發生器首先確認你的身份，確認後，把你所在的位置鎖定，然後再對你照射，你就可以一下地在你所在的位置消失，瞬間出現在你想要去的地方。

由於這個過程太快，人是無法感覺到的，一

全球公眾運動網，作者手繪

般我們把這個運動過程叫瞬移，也就是瞬間移動。」

「想不到，全球公眾運動網看不見、摸不著，卻也很複雜。」我說，「這個很厲害啊，比飛碟更加厲害，而且使用方便，乘客什麼東西都不要帶，那你們為什麼到別的星球去不用全球公眾運動網？」

「這個全球公眾運動網作用範圍只能在一個星球上，原因是人工場發生器只是對地面照射，而且作用範圍是有限的，我們從一個星球到另一個星球，只能用飛碟。」諾頓回答。

「看來這個全球運動網核心是人工場發生器，其餘的都是輔助的，那這個人工場發生器的基本原理是什麼？」我問道。

「和飛碟的基本原理是一樣的，人工場發生器對人照射，使人周圍的空間光速運動消失，人的周圍空間本來時刻在以光速運動，這個是人和物體產生品質的原因。人的品質變成零，會以光速運動，運動到終點目標時候，再使人的周圍空間運動恢復到原來。

如果中途有物體阻隔，人身體品質為零，和物體碰撞力為零，人可以穿過去，或者把阻隔的物體品質同樣的變成零，這樣可以無阻力、無障礙的穿過阻礙的物體。

不過，這裡的品質變成零是一種相對概念，就是我覺得運動的你品質變成了零，而你認為品質沒有任何變化。」

諾頓的解釋讓我有些糊塗，又覺得有些不可思議。

「就是說，兩個堅硬的固體，在人工場發生器的照射下都可以毫無障礙穿過對方，是吧？」我問，「固體中的分子為什麼不阻擋對方了？」

諾頓回答：

「普通物體由原子構成，原子由原子核和核外電子構成，而電子和原子核的體積只占原子體積的幾十億分之一，正常情況下，一個人走到一道牆前被牆給擋住了，原因是牆中分子、原子中利用相互作用力構成了一個整體，這些相互作用力本質就是一種電磁力。

我們實際上被這些電磁力給擋住了。如果沒有這些電磁力，我們人可以很容易穿過去的。人工場設備使物體中電磁力消失，使兩個固體可以輕易穿過對方，不過，這些電磁場力的消失是一個相對概念，就是我看你身上的消失了，而你看自己仍然是存在的。」

諾頓的解釋讓我有些暈頭轉向了。

「人工場發生器可以減輕物體的品質，我現在覺得自己的身體變輕了，就是由於這個人工場發生器時時刻刻跟蹤我照射，來減輕我的身體品質，而且又不完全的使我的身體品質變成零，只是減輕了一部分，是這樣的吧？」我問諾頓。

諾頓說：「對，你很聰明，就是這麼一回事。」

「漂浮人（指我小時候遇到的特別高級文明的氣態外星人）找到他，肯定是有原因的。」微麗插嘴。

「前哥在地球人中肯定是屬於聰明的人，應該說，地球人算是聰明的生物人，只是，地球上喜歡鬥爭，相互鬥來鬥去，把聰明才智都用到這個方面上。」蘇代爾說，

「地球人還有一個惡習慣，就是喜歡把人分成許多等級，認為某些人是上等人，強調某些人是下賤人。」

「前哥在地球上是上等人，還是下等人？」微麗盯著我問。

「我是最下等的人又是最高等的人。我現在只是對全球運動網感興趣，」我對諾頓說，「這種全球運動網是不是萬能的？」

「這種能夠使人瞬間消失的人工場設備也不是萬能的，它也有許多限制條件。如果這個設備的能量達不到某一個值時候，產生的人工場對人照射時候無法使人產生瞬間消失運動。

如果要求做瞬間消失運動的物體品質過大，或者許多物體加在一起品質過大，這個設備的功率達不到就無法工作。

還有，如果，這個設備工作時候不穩定，人在穿牆時候可能就被卡住而使人喪命。」

諾頓繼續給我解釋，

「人工場設備要使一個星球這樣大的物體做瞬間消失運動比起一個人來難度要大得多，消耗的能量極為驚人。

要使一個人穿牆而過容易，要使一個人穿過星球而過，人工場設備功率要求特別巨大，消耗的能力也是驚人的，否則的結果是把人卡在星球中而使人喪命。實際上這樣大功率的人工場設備我們也是沒有的。」

關於全球公眾運動網，我仍然有許多疑問。

「如果一個很小的房間突然的有許多人請求進入，怎麼辦？」我問。

「這個要求全球運動網是高度智慧的，這種情況下只是允許開始申請的人，以後的申請的人就不能夠通過的。全球運動網不但高度智慧，而且和全球資訊網是捆綁在一起的。」蘇代爾給出解釋。

「公眾運動網會提醒你：你要求到達的空間已滿，你這次運動請求公眾運動網不予支持，你可以選擇下次或者延時。」微麗這個話和我耳部經常出現的資訊網客服可溫的話很像。

「我想夜晚使自己出現在銀行金庫裡，大把鈔票往包裡裝。夜晚出現在一個漂亮的妹妹房間裡，啊，使她和自己……，這樣的話，社會不就亂套了？」我說。

「活活，」蘇代爾笑了，身體隨著笑的節湊抖動起來，「你們地球人就好這個，就這麼一點點的出息。

這個全球運動網具有高度智慧，當你在全球運動網上請求使自己出現在一個銀行倉庫時候，出現在一個漂亮妹妹房間裡，全球運動網在虛擬畫面上彈出，或者在你人腦中直接告訴你：

對不起，你的請求違反了我們的約定，本運動網不予支持。

當你在全球運動網上請求使自己出現在危險的海洋中，全球運動網在畫面上彈出：

全球運動網提示您，海洋中屬於危險地帶，注意帶好上網設備，以便可以安全返回。

如果你沒有攜帶上網的電腦或者手機，全球運動網在畫面上彈出：

對不起，本運動網檢測到你沒有攜帶電腦或者其他上網設備，無法保證返回安全，本運動網不支持你這次運動請求。

當你請求全球運動網把你送到某一個地點，你在電腦上胡亂地點一下，你點的地方離地面有十公尺高，全球運動網會提示你：

本運動網將按照你的指示，滿足你這次運動請求，為了你的安全，默認把你送到你指定的地點垂直的下方十公尺地面。

當你在全球運動網上請求使自己出現在別的星球上，全球運動網在畫面上彈出：

抱歉，全球運動網只能使人和物體在全球範圍內運動，您的請求超出了我們的能力範圍。

當你看到了一座大山太漂亮了，你請求全球運動網把大山移到自己的家時候，全球運動網會告訴你：

抱歉，全球運動網對於你這樣普通用戶只能使人員和不超過一百噸物體在全球範圍內運動，您的請求超出了你的權利範圍。

當你看到別人的東西，你在電腦上請求全球運動網把這個東西移到自己的住所的時候，全球運動網在畫面上彈出：

這個是別人的財產，你的請求違反了我們的約定，本運動網不與支持。」

……

蘇代爾一口氣說了很多，我的很多疑問得到了解釋。

對這個全球公眾運動網我內心讚歎不已。我想如果地球上有這個東西該多好啊。

我想到美國去，把美國要去的地址通過資訊網找到，一按確定鍵，我就在美國那個地方出現，想回來，再把老家地址找到，一按確定鍵，立即就回來了，這個多神奇啊，多方便啊！

「噢，我明白了，你們大街上沒有汽車，沒有火車，沒有飛機，沒有任何交通工具，人們出門不帶包，你們家裡沒有放置很多物品，就是因為有全球公眾運動網，因為出門、轉移物品太方便了。

也不需要商店，買東西可以直接從廠家倉庫發過來。也沒有酒店、旅館，因為無論多遠，都可以很快回家。

神奇的全球公眾運動網，使一切簡單、快捷、安全、高效！」

我讚歎道，「我能不能請求全球運動網，使我到處跑的。」

「你不行的，你沒有身份，但是，如果你作為我們某一個人的附屬物，」諾頓說：

「比如你作為我的附屬物，就像是我隨時帶的行李，我請求全球運動網，可以把你帶走，你來自於外星球，是辦不下來身份的，只有我們星球上的人，才可以擁有身份的。

以後，你會了解到全球公眾運動網有許多更加重要的用處，如果你們地球上擁有全球公眾運動網，會對你們的生活、學習、工作、工業製造、科研一系列活動產生劇烈的影響，會使你們的城市格局產生重大變化，因為人不需要擁擠在一起了。

甚至使你們地球上的國家和戰爭消失，對於交戰雙方，因為可以用全球公眾運動網強行把他們分開。

我們果克星球人身體獲取能量，吃進食物、排泄、呼吸，基本上也依靠全球運動網。

全球運動網還可以改變社會的德道觀念和法律，我們的社會也不要求人遵守法律，因為一個人想幹壞事，全球運動網可以隨時制止，使你幹壞事情無法成功。就是道德的要求，也很低。」

「噢，是這樣啊，如果突然停止全球運動網，你們都小命不保，是吧？」我感歎道。

「是的！」蘇代爾，諾頓齊聲回答。

「我們的兩大網路時刻在全球範圍內定位、追蹤星球上每一個人，時刻不斷地為他們提供各種服務。只有當這個人離開了他們的星球，這種服務才可能停止。」蘇代爾說，

「你們地球上現在也在建設互聯網，互聯網發展到最後，會和我們的全球公眾資訊網差不多。只是你們地球上仍然沒有全球運動網。

我們的全球公眾資訊網可以時刻為每一個人提供和外界交流、查詢、定位、問候、翻譯、對人的各種身份的確認、認證等各種資訊服務。

我們資訊網可以通過純淨的空間來傳輸資訊，都是採用人工場掃描遠距離非接觸的方式提供資訊服務，而且這些都是免費的。

我們的人工場掃描技術可以遠端直接讀取每一個人大腦裡思想意識，也可以通過空間遠端把資訊輸入到每一個人的大腦。

人與人之間借用人工場掃描可以通過空間直接獲取、發送資訊，也就是人與人可以通過全球資訊網遠距離直接相互交流。

這個就是我們的人工場掃描截頻技術。」

「那你們為什麼又在使用外部電腦？」我不解地問。

「有時候過多的資訊直接進入人的大腦，會對人大腦造成干擾，使人有很煩的感覺，我們的人很多時候也使用外面的各種電腦設備。」諾頓給我解釋。

「時刻追蹤我們的全球資訊網和全球運動網是非常地厲害，使我們每一個人無論走到何處，都可以擁有強大的能力。

就是因為這兩大網路時刻在跟蹤著我們，為我們提供各種服務。我們無論身處何處，都不會遇到危險，兩大網路可以為我們提供各種可靠的安全保障。」蘇代爾說。

「如果遇到什麼事情對我們的人形成了真實的威脅，我們的全球運動網具有高度智慧，可以迅速地把人轉移到安全地方。我們的全球公眾資訊網不但時刻提供各種資訊服務，還可以時刻遠距離的、非接觸記錄一個人的思想意識資訊。

一旦這個人發生特殊意外，失去生命，全球資訊網可以把這個人的思想意識完整記錄下來，可以通過人工場掃描技術把這個人思想意識資訊安裝到一個我們人工製造的、沒有自主意識的人的大腦中，使這個人復活。」

後來，我也認識到，果克星球的全球資訊網為他們提供資訊服務，而全球運動網為他們提供交通、加工製造、日常活動等各方面的服務，等於拓寬了他們人的手腳。

認識果克星球：與眾不同的有趣果克星人

有一次坐在諾頓住所的虛擬沙發上，我漸漸地感到餓了，「喂，我覺得有點餓了，你們平時都吃些什麼啊？」

諾頓說，「我們把你這個事情忘了，你們地球人吃東西方式和我們是不一樣的。」

「那你們平時吃東西是怎麼吃啊？」

「我們身體需要的能量也是來自於食物的化學能量，我們有全球運動網，當我們身體需要食物能量時候，可以請求全球運動網把食物直接瞬移到我們的身體裡，一般都是液體，幾乎完全可以被我們身體所利用。」諾頓回答。

「液體是用瓶子裝著吧，連同瓶子一起送到你們胃中，瓶子你們是怎麼消化的？」

「不用瓶子也可以瞬移進去，」蘇代爾說，「我們是沒有胃的，也沒有腸子、肝、腎、膀胱之類。我們的身體內部，從嘴開始到下身，只是一個簡單的空腔，我們的食物是經過高度加工的，身體是可以直接利用的。

我們身體很多功能，呼吸、消化、排泄都外包出去了，通過全球運動網，交給了外界循環系統。使我們的身體結構簡單，越簡單的身體，越可靠，機能越優越，越不容易生病。

只有像你們地球人身體原始落後，才有胃、腸子、肝、腎、膀胱——什麼的，真是既複雜又麻煩。

當我們身體能量不足時候，全球運動網會把食物能量瞬移到我們人體內，一切都是在電腦控制下自動完成，用不著我們去煩神。」

「現在我請求全球運動網送來食物給你。」諾頓說完，舉起左手，在耳朵附近空中猛的一劈，一個精緻的瓶子和金屬剪刀就頓時出現在諾頓家的桌子上。

這個瓶子形狀有點像企鵝，銀白色的，像是金屬製造的。瓶子上面有個突起部分，像企鵝嘴那樣伸出很長。

諾頓用一個彎彎的剪刀把這個瓶子的伸長部分剪開，又把瓶子遞給我。

我接過瓶子喝了起來，這種液體有一種花香，香氣撲鼻，喝起來感到有股淡淡的甜味，口感很好，我一口氣喝完，把瓶子放回桌子上，頓時就覺得不餓了。

諾頓又用手在耳朵邊一揮，這個瓶子和瓶子剪下的那一小塊以及剪刀突然就不見了，我想肯定又是被全球運動網瞬移回去了。

「為什麼你在耳朵邊一揮手，就可以請求全球運動網瞬移東西？是不是耳朵邊有開關？」

「果克星人大腦和全球公眾資訊網通過人工場掃描連在一起的。」諾頓說，

「是先在大腦中有了請求全球運動網幫助做某種事情的想法，在耳朵邊揮手只是確認而已，我們也可以設定其他方式確認，比如搖頭，揮手，跺腳……，一般人都選擇一個簡單的、不容易發生誤會的確認方式，當然，也有純粹是出自於自己的個性，即使經常誤會、出錯也要堅持、不想改變的。

你們叫吃飯，我們叫身體補充化學能量，我們一般都是設置一個固定電腦程式。

我們身體一旦能量不足，時刻掃描我們身體的公眾資訊網上，會把資訊發給全球公眾運動網，全

球運動網就把液體化學能量瞬移到我們身體中，還可以把我們身體的一些排泄廢物帶走，一切都是一個程式自動操縱的，不需要我們費神的。

等於把我們身體的吸食、消化、排泄功能外包出去了。

「活活，這麼說來，你們離開了全球運動網就沒有辦法活了。」我模仿蘇代爾的口氣，也嘲笑了他們，「在『區圖300』飛船上你們就不能夠吃東西了？」

「『區圖300』飛船上也有運動網，也可以實現瞬移，同樣可以很方便給我們身體補充能量，只是你看不到。」蘇代爾說，

「在沒有全球運動網的情況下，我們的嘴也可以喝下液體的食物，用牙齒吃東西，只是我們果克星球人都不習慣了，而且我們的身體內部只是一個空腔，沒有像你們地球人那樣複雜的消化器官，消化功能都退化了吧，真的吃起來，可能也行的，只是沒有你們地球人厲害。」

「我有點不理解，你們大腦可以和全球資訊網連接，等於大腦內有生物電腦，為什麼我又看到你經常操作那些虛擬螢幕電腦，直接用你們的大腦不行嗎？」我對諾頓說，

「比如在『區圖300』飛船中，我看到你在操作虛擬電腦？」

「人身體的生物電腦功能不如外部電腦強大、穩定，像『區圖300』飛船很多功能，是不允許我們用大腦直接操作的，這個在我們星球是有約束性的。」

而在果克星球範圍內，人們通過自己大腦直接請求全球公眾運動網，幾乎可以隨心所欲的到果克星球的任何地方。

但是，星際飛船是可以飛離果克星球的，有一定的危險性。駕駛飛船不是任何人都可以的，即使

允許操作的人也不是隨心所欲的可以駕駛的，是需要經過批准的。」

諾頓說，

「你要明白，人體內置生物電腦有很大的隨意性，像駕駛『區圖300飛船』這樣的事情，是需要嚴肅認真和謹慎的，所以，外部電腦比內置生物電腦更加安全、適合。」

「噢，我有點明白了，你們的果克星球也是有秩序的，做什麼事情也是有理性的，不允許胡來。」

我突然又想起來，

「哦，諾頓，我想問你，你的家人呢？」

「什麼家人？」諾頓似乎有些意外。

「你的家中就你一個人，你的父母呢，你的妻子呢，你有沒有孩子？」

「哦，就我一個人。」諾頓回答。

啊，想不到果克星球的生物科學家諾頓竟然是孤身一人。你的家人呢，你家有多少人？」我又問蘇代爾。

「就我一個人。」

「你呢？」我問微麗，「你家中有多少人，你父母呢，有沒有兄弟姐妹？」我看微麗長得像我們地球上幼稚園的小女孩，不好意思問她有沒有孩子。

「什麼呀，我就是我一個人。」微麗有些莫名其妙的神情。

「啊！你們三個人都是這麼慘啊，都是孤兒啊，家裡什麼人都沒有了，真是可憐啊！」

「誰慘？誰可憐？我們果克星球人都是長生不老，沒有生也沒有死，哪裡有什麼父母、兄弟姐妹、孩子？」蘇代爾不屑地說。

他們可以長生不老，我心想，按照我看到的果克星球神奇的科技，他們實現了長生不老應該是有可能的，他們是如何實現了地球人最大的夢想——長生不老的呢？

「真的嗎？你們可以長生不老？」我對蘇代爾的話不太相信，轉而問諾頓。

「是的，我們可以長生不老，很多年前，我們果克星球就實現了這個技術。」諾頓肯定了蘇代爾的活，

「我們不生又不死，所以，沒有老人沒有小孩，也不存在有父母、子女、兄弟姐妹。我們一個人就一個家庭。」

「一個家庭只有一個人，也不好，肯定寂寞的。」我說。

「我們家裡有寵物啊，我有好多寵物的，我們還可以和寵物對話，也可以和其他動物對話、交流。」微麗說，

「我家還有照顧我的兩個機器人。」

「你們星球上有沒有我們地球上貓狗之類的動物，你們是用什麼方法和動物對話的？」我問。

「有的，我們有很多動物，我們的貓狗有的品種和你們地球上的差不多，這類品種有可能就是從你們地球上引進來的。」諾頓回答道，

「我們可以把我們的語言翻譯成貓狗之類的動物能夠領悟的語言，再用人工場掃描把資訊發送到貓狗等動物的大腦裡。

人工場掃描也可以把貓狗等動物的意念、語言翻譯成我們能夠理解的語言。這樣，我們就可以通

過人工場掃描和貓狗之類的動物相互交流。

但是，你是地球人，現在無法了解我們和貓狗之類的動物交流是一個什麼樣的體驗，我們現在可能還沒有這個程式讓你來體驗。

你可以試著想，你和寵物交談，如同是在和一個智力有缺陷的人在交談。不過，這個不妨礙我們和動物的交流能夠進行下去。」

「那你們果克星球人有沒有夫妻、異性朋友呢？」

「有的，一般不居住在一起，雙方的關係維持那麼一段時間，而不是永久的，也不像你們地球上有法律登記。」蘇代爾回答。

「你們果克星人真是有趣，我很想出去，到你們果克人群中走一走，看看你們的日常生活情況，回到我們地球上，可以向大夥兒吹吹牛，介紹一下你們這兒的情況。」

「前哥，以後肯定要帶你出去的，」諾頓說，「今天你剛到，可能累了，就在我這裡休息。」

「嗯，好的！」

「我們告辭了，下次在這裡見面。」全球公資訊網的客服可溫剛把蘇代爾和微麗的話翻譯給我，就發現微麗和蘇代爾立即在諾頓家消失。不用猜，肯定是利用全球公眾運動網瞬移回到他們自己的家中。

果克星球的全球公眾運動網，可以使人和物體突然的出現某一個地方，也可以突然在某一個地方消失，更加神奇的是，在密封的房間裡，不用開門同樣可以做到。

這個如果發生在我們地球上，肯定讓地球人目瞪口呆，然而，在果克星球上，全球運動網的瞬移是如此地頻繁、平常，以至他們的生活的方方面面都離不開全球公眾運動網，甚至他們的飲食、呼吸都依賴運動網。

「我想洗個澡，你們有沒有洗澡的東西？你們洗澡嗎？」我問諾頓。

「有的，我帶你過來。」

我跟隨著諾頓，走到一個小房間裡，諾頓在空中揮一下手，空中出現了虛擬螢幕，諾頓在上面操作幾下，房間突然就出現一個乳白色的浴缸，懸浮在空中，這個乳白色太過於純正，而且紛紛擾擾地在動，不用猜，是虛擬浴缸，人工場的產物。

我走進了，看到浴缸內有水，而且奇怪的是水從浴缸這一頭流向那一頭，就這麼不停地在流。我感覺這個水是真實的，不是虛擬的。

怎麼是這樣啊，浴缸一頭源源不斷在冒水，哪有這麼多的水呀，一頭在吸水，吸了那麼多水，又儲存在哪裡？這個在我們地球上，肯定是不可思議的事情。

我剛想問諾頓這個浴缸是怎麼一回事情，突然又想起了果克星球的全球公眾運動網，利用運動網把水瞬移在浴缸的一頭，再利用運動網把水從另一頭瞬移走不就得了嗎。

我跳入浴缸中，立即感覺到水是真實的，浴缸是虛擬的，我的判斷是對的。

水溫略高於我的體溫，躺在裡面很舒服，我想小便，剛才有女孩微麗在場，不好意思問諾頓在哪兒可以小便，現在就在浴缸裡放了小便，諾頓會發現嗎？會指責我嗎？管他呢。

我放了小便，痛快地洗個澡。我剛從虛擬浴缸中出來，一轉眼，虛擬浴缸就不見了，消失得乾乾淨淨，看來又是神奇的全球公眾運動網弄走的。

諾頓家的虛擬床睡覺太舒服了，我美美地睡了一覺。等我起來了，看到了蘇代爾、微麗和諾頓已經坐在虛擬沙發上交談。我想湊上去和他們交談，突然覺得大便急了，不好意思問也不行了，我脫口而出，「你們的廁所在哪兒？」

「我們沒有廁所的，我們果克人是不需要排屎排尿的，」蘇代爾說，「我們的排泄物比你們地球人的耳屎還少。」

「那總得要找一個地方給前哥方便啊。」諾頓說。

「我帶他出去，」微麗站了起來，自告奮勇。

哥們排大便，讓一個女孩帶路，多不好意思，但是，情況緊急，我只好跟著微麗出去了。

來到一處植物從中，我蹲下方便，看到微麗在附近看著我，我覺得有些難堪。微麗今天衣服穿得很豔麗，上身一件黑得發亮的、有金屬感的緊身內衣，兩個乳房不大，但是，很長、很突出，渾圓得很撩人。

下身穿一件紫色發亮的短裙，從正面和後面看，還算正常，但是，從側面看，就不對勁了，側面是裸露的，可能裙子在側面是透明的，但是，這個透明太高級了，壓根就像沒有東西那樣，只是裙子看起來是一個整體，提示可能是透明的，而不是沒有東西的。

另外，她走動的時候，衣服在身上扭曲的樣子，看起來怪怪的，總有一絲絲不真實的感覺。

後來，我才知道了他們的人其實都是裸體的，在絕大多數場合下衣服都不是真實的，是虛擬的。是全球運動網和全球資訊網遠端在他們身上生成的虛擬影像而已，根本就不是真實的衣服。

如果你用手摸他們，就等於摸到了裸體，只是，他們如果請求全球運動網在身上製造了力場保護，那你摸上去才不是裸體的感覺。

微麗下身側面裸出細膩粉白色的皮膚，讓人是心驚肉跳、想入非非。

我掃了一眼，就不好意思看了，心裡想，我們地球女人就是露，也是把關鍵部位護住，他們倒好，就喜歡裸出關鍵部位，我當時就內心在譴責他們不要臉。立即想起來可溫介紹他們的星球就是一個淫亂的星球。

我其實是一個思想保守的人。

我有一次挖黃鱔，遇到一個城裡來的婦女帶她幾歲的女兒。她們想越過一個水溝，又害怕水裡有水蛭和蟲子，叫我幫忙，我把她女兒抱過去，這個婦女又示意我把她也抱過去。看到這個婦女穿著超短裙，粉嫩的大腿，實在沒有勇氣去抱。

她又示意我背她過去，看到她高聳的乳房，我又失去了勇氣。

這個婦女可能沒有想到我是因為沒有勇氣去抱女人，誤會了我，氣得罵我是壞人，罵了好長時間，由於女兒在對面，最後只好脫鞋咬牙下水越過去，我感到內疚很長時間。

到了諾頓家中，我建議出去走一走，了解果克星球人的日常生活情況。

諾頓說，「下一次去吧，今天要來許多重要的客人，在這裡你也會看到我們各式各樣的果克星人。」

不一會兒，諾頓家來了不少人，漸漸的感到客廳小了，諾頓用手一揮，一扇虛擬牆壁消失，頓時客廳增大幾倍，看來，虛擬房屋就是方便。

我和蘇代爾、微麗是坐在一個虛擬沙發上，我坐在中間。微麗今天穿得太過於性感，加上我自己沒有穿衣服，赤裸的感覺，給我一股無形的壓力，我努力和她保持著一段距離。

我也看到了一個有趣現象，有的人是突然出現在諾頓家中的虛擬沙發上，有的人是先來了一股煙霧，慢慢的變成一個人。我問蘇代爾這個是怎麼一回事情。

「突然出現的人，來的是真實的人，是通過全球運動網來的。慢慢地以煙霧轉化的人就是光線虛擬人，這個人的真實身體沒有來，但真實身體可以在遠處通過公眾資訊網和我們交談。

你看到的慢慢以煙霧轉化的人不是真實的人，是全球公眾資訊網、全球運動網通過三維成像技術造出的虛擬人。不過，虛擬人也可以直接和我們交談的。」蘇代爾給出了解釋。

我定眼一看，這些虛擬人看起來和真人毫無區別，蘇代爾在騙我？不管三七二十一，我站起來，走到附近一個是由煙霧慢慢轉化的人身邊，用手在這個身上摸一下，果然是像在空氣中揮手，什麼都沒有摸到。

儘管心裡有準備，仍然是很震驚的，不得不驚歎果克星球人神奇的科技，把虛擬技術發揮到了登峰造極的地步。

來諾頓家的這些人長相各異，但是，身高都一模一樣的，憑我的肉眼看毫無區別的。這些人像是開座談會，諾頓在人群中走來走去的，像是一個主持人。

由於人多，全球資訊網客服可謳主要翻譯諾頓、蘇代爾、微麗的講話，如果我對另外的陌生人注意看一下，這個人的講話，我就會接受到翻譯，否則，一般情況下資訊網客服是不予翻譯的。

我想，這個公眾資訊網可能是具有高度智慧的，也可能時時刻刻對我進行定位跟蹤的。

諾頓滔滔不絕地講述我們地球人的身體結構，偶爾也向我介紹果克星球人的身體結構和生理特性。

我根本沒有心思聽，因為來了許多果克星球的女人，或者叫果克星球的女孩，因為她們的外表看起來都極為年輕、漂亮，都像我們地球上小學、幼稚園的小女孩。

這些漂亮、性感的女孩就坐在我的身邊，而且穿衣（或者說身上呈現的虛擬衣服）都很暴露，一般都像微麗今天的穿衣打扮，上身一件緊身內衣。乳房不是悶在內衣裡面，而是內衣的一部分包裹著，突出在外面。

她們下身短裙，而且大都從側面裸露處細膩粉白色的肌膚，有的短裙是許多細管子，擺動時候看到裡面的肌膚，看得我是心癢癢的。

諾頓和微麗可能沒有意識到我的心思，只有蘇代爾似乎知道。

「你們地球女人有漂亮的，有醜陋的。」蘇代爾問我，「你是不是覺得我們果克星球女人個個很漂亮？」

「你們果克人所謂的漂亮只是身材性感、身體特別精緻而已，我承認你們果克人肌膚光滑、顏色純正，身體結構完美無缺，我們地球人的漂亮還講究人的內涵，人的思想性格，人的氣質，這個可能你們是不理解的。」我有些故意裝作高深。

「如果一個人身體上佈滿點子，長出許多小包，這個人還漂亮嗎？」諾頓反問我。

「身上許多點子、小包，像癩蛤蟆，這樣的人也叫美女？活活。」我笑了起來。

「好的！」諾頓好像來了精神，「我馬上就邀請這樣的美女過來，顛覆你對美女的認識。」

諾頓用左手按住耳朵，來回走幾下，突然我們眼前就出現一位美女，這位美女讓我看得是心驚肉跳。她衣服穿得太少了，她身體皮膚的顏色是粉白色略微帶有一點淡淡的粉紅色。

果然身上到處是粉紅色的點子，點子有火柴頭大小，分佈非常的均勻，仔細看，點子或者叫小包，晶瑩剔透，有點像石榴籽。

這個人一眼看上去就非常的漂亮性感。「怎麼樣？你感覺這個人怎麼樣？」諾頓問我。

「嗯，這個人的確很漂亮的，我承認很性感的。」我覺得這個人的漂亮性感仍然是來自於精緻，只是另外一種形式的精緻而已，但是，這個時候我不想和諾頓他們抬杠了。

宇宙中的陸基人種和水基人種

「除了我們地球人和你們果克星人，宇宙中別的有人的星球很多嗎？」我問道。

「那當然，我們發現有很多，不同種類的人更多。」諾頓回答

「宇宙中雖然人的種類很多，但是主要可以分為兩種，一種是從陸地生物進化而來的，叫陸基人種。

你們地球上人，我們果克人，都是從陸地進化而來的，都屬於陸基進化的人種。雖然你們地球上生命早期起源於水中，但是，你們地球人進化過程中，大部分時間都是在陸地上完成的，應該屬於陸基人。陸基人種在宇宙中占大多數。

有些動物，像你們地球上說的鳥類，可以在空中飛行，其實也屬於陸基人種，因為鳥類開始也是在陸地上進化的，而且大部分的進化過程是在陸地上完成的。

如果是從水裡生物進化而來的，而且進化的大部分階段是水裡完成的，叫水基人種。

我們果克星人真正喜歡的是水基人種，我們有很多果克星人喜歡，或者說垂涎的是水基進化人種的身體。」

「那我們地球人的身體怎麼樣，在許許多多種人中，算不算很優秀？」我想再一次了解他們對我們地球人的身體的看法。

「很糟糕。」微麗插了一句話。

「很垃圾。」蘇代爾也插了一句話。「你們地球人身體進化得很差。」

「為什麼你們果克人和我們地球人外表看起來很像？」我問。

「原因我們都屬於陸基進化的人種。」諾頓說，

「陸地進化的生物，開始要在地上行走，四隻腿趴著行走是最為穩當，加一個頭探測路徑、指揮行動，這種模式是宇宙中陸地動物最優越的模式。

後來手和腳分開來，人能夠直立行走，原因很簡單，是因為使用工具和製造工具的原因。由於這種原因，宇宙所有的沿陸基進化的人，進化到最後階段，外部形狀幾乎都是差不多的。也就是說，不同的動物進化到最後，都趨於我們現在的人這種形狀，後來，我們能夠人工製造自己身體，為什麼不造成奇怪的形狀？這個不完全是傳統習慣的原因，主要是審美觀決定的。也就是大家覺得以前的身體很美、很性感，如果造成了奇怪的形狀，就沒有美感、性感了。我們現在也研發、製造了一些新的怪異人種，但是，仍然圍繞著性感、美感，沒有脫離這個主線。」

諾頓手一揮，立即出現一個三維立體圖像，上面出現了各種各樣的人，但都是四肢加一個頭，直立行走的樣子。

諾頓繼續說，

「相比較陸基進化的動物，水基進化的動物，不能進化出手來，長期不能自己製造、使用工具和產品，特別是一些完全被水覆蓋的星球上，如果不是發達外星球人的光臨帶走他們，在水裡進化幾十億年的水基生物，雖然很有智慧，身體機能極為優異，有很多但仍然停留在不能製造、使用產品和

工具的階段。

但是，這些水基進化的動物，在億萬年進化中，身體的優勢很明顯的，身體的各種優異的性能讓人歎為觀止。

你看看你們地球上的人類，雖然有智慧，但是，皮膚、肌肉、骨骼各方面都很糟糕，有慢性病的人很多，在50歲以上的人群中，有慢性病的人幾乎是百分之百，有人長期被慢性病折磨著，你們卻沒有辦法解決。

所以，陸基進化的人類，雖然可以製造、使用工具產品，但是，自己的身體進化不夠優越，而水基進化的動物身體結構極為優化，牠們很多特性和身體機能極為優越，是陸基進化動物所望塵莫及的。

在宇宙中，有不少星球，由水基進化而來的智慧動物，也能夠製造工具和產品，擁有科學知識等智慧文明，最後控制、主宰整個星球和星系。

那麼，水基進化的動物是如何做到這一點的？

原來，水基進化的動物在億萬年進化中，有的可以拆分自己的身體，掌握了強大的寄生本領，通過寄生在別的生物體內，來控制別的生物，特別是控制、改造陸基動物來達到製造工具、產品的目的。

能夠拆分自己的身體很重要，水基動物把自己的身體拆分很小，仍然可以保持自己身體的性狀和各種資訊，身體拆分小了，可以更好的寄生在別的身體較大生物體內。

水基生物由於生活在水裡，借助於水的浮力，身體可以長得很巨大，同一個物種，身體的差異也可以非常大。巨大差異的身體才可以讓身體小的人種寄生在體內。

當然，他們的寄生是很高級的，不像你們地球上的寄生只是單純的啃食宿主肉體作為食物。

在我們的果克星系上，生活了很多海裡進化的水基智慧動物，幾乎都是我們從宇宙中別的星球上引進來的品種，雖然非常高級、厲害，甚至達到了極度恐怖的級別。

但是他們不夠幸運，有比他們更厲害的陸基生命蓋過了他們，他們沒有能夠成為我們這個星系的主宰，他們仍然處在進化的過程中，說不定未來會成為我們星系的主宰。

這些水下大型智慧動物，想把小型身體的陸基生物寄生在自己的體內，一般是直接一口把你吞進肚子裡，然後各種肉管子向你體內野蠻的生長，為你提供營養但是又控制著你。讓你能夠乖乖地寄生在她們的體內。

有的大型智慧生物，把你吸入她們體內，一般不會輕易地放你出來的，有的即使放你出來，會在你體內留下她們身體的一部分，繼續寄生在你體內。總之，你一旦被她們吸入體內，就很難徹底擺脫她們的糾纏。

而小型的水下智慧生物，一般都是偷襲和引誘，先是很小的東西靠近你，一旦鑽進你的體內，會控制你，你想脫離幾乎是不可能的，你基本上是逃不過他們的魔爪，被他們終身寄生在你身體裡。

有的很狡猾，把身體分離很小的一部分，利用很小的東西乘你不注意，侵入你的身體裡，侵入在你身體裡面的小東西還有一根細線和外面連著，你想用暴力擺脫牠們，拽著你的身體內部劇烈疼痛，然後第二步身體再全部鑽進你的身體內部。

有的寄生人種像膠狀物，有的偽裝像一種液體，慢慢滲人你的身體裡來控制你。

我們果克星系的寄生人，有部分是利用我們先進的科技實現的，我們擁有製造、修改人身體的能力，使人的身體具有寄生別的生物的能力，或者吸入別的生物到自己的體內，讓別的生物寄生在自己體內。

宇宙中很多星球上的寄生人種是自然進化出來的。我們果克星系有寄生人論壇，交流寄生人的知識和技巧，為寄生人提供技術、物質等援助。

我們的寄生人看起來分散在我們星系的不同地方，實際上可以相互交流資訊，有嚴密的組織。

我們有的人有兩個身份，可以有正常人的身份，又有寄生人的身份，借助全球運動網和全球資訊網，感覺和記憶可以隨時相互切換。」

果克星人奇怪的性行為

諾頓還給我介紹了果克星人的一些奇怪的性行為。

「你們地球上性的意義，一個是為了生殖後代和維繫家庭，另一個為了給自己和性伴侶帶來愉悅。男女之間要維繫一個家庭，要培養下一代，這些都需要物質財富為基礎。所以，你們地球上男女之間，不僅僅是性夥伴的關係，還有合夥經營的關係。

男人給女人財物，或者女人給男人財物，可以給對方帶來愉快，男女單純的用物質財富也能夠維繫相互之間的關係。

你們地球上性行為要受到德道和法律、文化、宗教、傳統習慣、社會、家庭等各種因素的制約。你們地球上男女之間不僅僅是性，還有愛情，關愛、照顧、合夥經營等。

我們性的意義單純的只是為了愉悅、體驗、感覺，男女之間只有赤裸裸的性，沒有愛情。物質資源對我們來說無所謂，我們沒有下一代，沒有死亡，生命和健康有絕對的保證，所以我們不需要合夥掙錢，不需要組建家庭，沒有父母，不需要照顧下一代，不需要關心自己和對方的身體健康。

你們地球人人生的意義在於財富和權力，我們人生的意義在於各種感覺、體驗。在人的各種體驗中，最能給人帶來愉悅的，無疑是性體驗，我們的人特別熱衷於這個性體驗，就是這個原因。

從某種意義上講，一個地球人和我們果克人發生的性行為，和動物發生性行為的確是沒有什麼區別的，因為果克人沒有愛情，只有性愛，沒有感情，只有體驗。」

諾頓最後的話，讓我想起來了，蘇代爾說我們地球男人和母豬、母牛的性行為，一絲不安出現在我心頭。

諾頓又說起了寄生人之間的性行為，

「我們果克星球大規模的流行寄生人，寄生人和宿主之間的性行為也是很殘忍的。你們地球上的寄生就是啃食宿主的身體作為食物。

而在我們果克星球上，物質資源、食物對於無論什麼人種來說，都是無所謂的。原因是科技太發達，物質資源來源很容易，這一點比你們地球要文明得多，不像你們地球人之間，仍然在爭奪物質資源、食物、能源，這種爭奪有可能導致殺死對方的身體。

但是，我們果克星球的人也延續著動物億萬年相互鬥爭的基因，不過，鬥爭從爭奪物質財富，轉移到用寄生的方式來爭奪、控制異性的身體，也可以說，轉移到男人和女人之間的戰爭。

對於寄生人來說，鬥爭同樣具有殘忍性，主要是掠奪、控制對方的身體，作為自己的性奴，而不是消滅對方的身體。

我們的科技促使寄生人各種怪異的功能變得強大，也變得更變態，果克星球上的寄生人不同於你們地球人崇尚愛情，或者說在愛情上退化，性愛變成控制、掠奪式、入侵式，性行為變得很暴力、殘忍、怪異、變態，至少在你們地球人看來是如此。」

宇宙中有人的星球很多嗎？

有一次，我問諾頓他們，宇宙中有多少種類的外星人？

諾頓說，

「宇宙看起來就是無窮無盡的空間中心，存在一定數量的星球，星球的數目巨大但有限。我們在很長的一段時間裡，都是這樣認為的，畫出的宇宙圖形就是這樣子。而且宇宙中很多星球上的智慧人種，都是這種看法。

但是，隨著我們的科學技術、觀測手段的提高，突然在某一天，我們發現了在數萬億光年遠的地方，又發現了新的星球。我們關於宇宙的堅定不移的認識，瞬間崩塌。

現在，我們不得不承認宇宙就像你們地球上的洋蔥，是一層一層的。我們通過其他領域的發現，可以斷定，宇宙的空間是無窮大的，宇宙中的星球數目是不是無窮大，我們不能最終確定，這個答案雖然依賴於我們的觀測水準的提高，但是，我們從其他途徑已經知道，也是無窮大的。

宇宙中，有人、有生命的星球是很多的，但是，絕大多數的星球都是荒涼沒有生命的。

在所有的具有生命的星球上，像有你們地球這樣具有智慧人類的星球，所占的比例是很低的，大概的數量級是幾萬分之一，具有生命的星球，處於原始進化狀態中的低級生命占絕大多數。

像我們果克星球，具有製造光速飛碟、能夠在宇宙中到處跑的高度發達外星球，數量就更少，大約是億分之一的數量級。還有比我們更加發達的星球。

不過，宇宙中星球的數量，從我們了解的情況看，是非常巨大的，巨大到讓人恐怖。極高度發達的外星球，比我們還發達的，其實，從我們得到的資訊看，數目也不少，不是只有一兩個。

當宇宙中智慧人類可以製造光速運動飛碟的時候，才可以大規模星際旅行。有沒有光速飛碟，是宇宙文明重要的標誌物。

所以，宇宙有人居住的星球可以分兩大類，一類是破譯了時間、空間、場、品質、電荷、能量、力……這些宇宙本質問題，必須要破譯出來，否則根本就不可能造出光速飛碟出來。

掌握了光速飛碟的飛行原理，造出光速飛碟來，具有大規模星際旅行能力的發達星球。另一類是沒有光速飛碟，不能大規模星際旅行的落後星球。

一個有人的星球，發明了光速運動飛碟後，按照你們地球上的世界算，科技再經歷了數千年以上的發展，叫千年級文明星球。我們的星球，就屬於這個級別的。

一個有人的星球，發明了光速運動飛碟後，科技又經歷了幾萬年以上發展，叫萬年級文明星球。

一個有人的星球，發明了光速運動飛碟後，科技又經歷了億年以上的發展，叫億年級文明星球。這個級別的在宇宙中是極少數。

我們還用一個標準來衡量，就是虛擬程度。

一個星球上，人們使用虛擬產品佔得比重越大，越發達。虛擬程度接近百分之百，比如處理資訊的電腦、人的身體、建築、交通工具、工業製造——等都是虛擬的，那就是非常發達的星球。虛擬化程度達到百分之五十的，科技就算是發達的。

宇宙中分佈最多的有人、有生物的星球，比你們地球人科技水準還低。」

蘇代爾補充說，「在宇宙中，一個很自然的、不成文的規矩：

任何一個落後的、不能進行星際飛行的星球，總是有一個或者幾個發達星球的人在暗中罩著、監視著，一個是防止別的發達星球過分染指落後星球，另一個是防止落後星球內部戰爭，特別是核戰爭，太過火了，把整個星球給毀滅了。

這種的干涉，一般是遠端的修改星球上關鍵人物的思想意識，不是出力、出人。在你們地球上，二戰的時候，德國雖然首先掌握了原子彈技術，但被地外文明干擾了，沒有成功。對照以上的標準，你們地球人屬於科技落後的星球。因為你們造不出光速飛碟，你們的太陽系內都不能隨便跑。

你們地球上的運動原理是動量守恆決定的，你們的動量是品質乘以速度。我們光速飛碟飛行原理也是動量守恆決定的，只是我們的動量是向量光速減物體運動速度再乘以品質。

萬年、億年級別的外星人，所使用的飛船，已經突破了這兩種運動原理，可以突破空間、時間的限制，可以零事故。

不過，我們要想突破這兩種動量守恆，尋找自然界第三種運動方式，不是個容易的事情。目前我們只能肯定自然界存在著第三種運動方式，甚至有第四種運動方式。努力尋找第三種運動方式，是我們的任務之一。」

「其實，宇宙包含了無窮無盡的可能性，你想到的可以實現，你想像不到的，也可以實現。但是，你正真要做的是，找到一個變成現實的途徑，要有一個真實的跳板，否則，你又回到了起點，一無所獲。」諾頓說，

「萬年級別的星球，和我們有少量的接觸，但是，不傳授科學技術給我們。

他們同樣是高度虛擬化的，虛擬化程度比我們更高。

他們的科學技術遠超我們的水準，特別是在數學上，強大到讓我們窒息死亡的程度。

他們製造一些可以控制、修改人意識的金屬液體，當然，我們也可以製造這種金屬液體，可以滲透到你們地球人身體裡，迅速地修改或者刪除地球人的意識，使一個地球人身體沒有變化，思想意識卻變成了一個果克星人的思想意識，真實的情況是這個地球人死了，我們等於把這個地球人置換成我們的人了。

這些金屬液體可以被人預先設置程式控制，他們用一組數學代碼來控制它們的工作、運行，他們掌握的數學控制代碼，我們無法破譯。甚至把一組代碼甩給我們，我們很長時間都搞不懂。

不過，我們就是把一組我們最簡單的代碼甩給你們地球人，你們地球人幾百年也是搞不懂的。

但是，我們集中全球所有頂尖數學高手，精心製造的代碼，無論我們怎麼努力，他們都可以輕鬆破譯，這個就是我們和他們的水準的差異。

高級文明之間，喜歡在數學上無聲無息地較量，這個你可能不理解。而不像你們地球人打打殺殺的、消滅對方身體的那種戰爭模式。

比如，你們地球人為了對付病毒，是絞盡腦汁，想盡了辦法，效果卻不理想。

而我們可以利用數學，推算出所有的病毒，不但可以算出你們地球上已經流行的病毒，還可以算出地球上沒有流行、將要流行的病毒。這個就是數學的厲害之處。

你們地球人仍然沒有認識到，病毒問題其實是資訊問題，而資訊的本質是物體和空間的運動形式，任何事情，都是由資訊構成的，無限大的資訊，也表示無窮無盡的可能性。

你們沒有認識到這一點，就不會運用數學方法去解決問題。

我們研發、製造人身體的時候，也需要大量的數學計算，需要借助於許多先進的數學工具。

我們的科學家利用人工場通過掃描空間中隱藏的資訊，對未來做出預言，也需要許多先進的數學工具來處理。

億年級別的星球在宇宙中是少數，對我們更是不理睬、不正面接觸的，也不會把科學技術傳授給我們。對他們，我們了解很少，很忌憚他們，更不敢去直接去招惹他們。

我們有專門的監測系統，時刻監測你們地球，有別的星球人，特別是億年級別星球的人，一旦踏上你們地球，我們會很快趕到。

我們猜測，你小時候在田野上放鵝，遭遇了漂浮人，可能是宇宙中具有特別高級文明的人種，他們很可能是屬於億年級別的，他們的文明程度、科技發達程度遠遠的高於我們。

你在和他們接觸的剎那間，可能和他們的意識相互感染了，你很可能擁有了他們一個人的部分記憶。

我們想通過你，得到他們關於宇宙的與我們不同的認識，這個就是把你帶到我們星球來的主要目的。

一級壓一級，我們害怕萬年級別的人，萬年級別的同樣害怕億年級別的人。億年級別的站在我們面前，就像神站在你們面前。」

蘇代爾說，「我們在宇宙中到處跑，去綁架別的星球上的人，對於和我們同樣高度發達的星球，我們綁架的人都送去，因為害怕他們報復。

如果綁架一些像你們地球上這種落後星球的人，我們有時候懶得送回去，讓其自生自滅。活活活，我有時候也是很懶惰的。」蘇代爾不自然地笑了起來。

果克星球的醫學科技：初次接受體檢和人體實驗

有一次，諾頓和蘇代爾、微麗三個人把我領到一個房間裡，裡面有兩個人，可能是個機器人。房子中央放置一個窄窄的床，只能容納下一個人。床上有白色的布之類的東西覆蓋著，床的一頭翹得很高。

諾頓說，

「我們現在要檢查你的身體，你要相信我們的技術，不會給你帶來任何痛苦和不適。現在你就睡到這個床上。」

諾頓命令我，我乖乖地躺在床上，但心裡極度害怕，想像著自己的身體被他們大卸八塊，利刀切割自己身體的巨疼。

這個時候，周圍光線完全的暗下來，一遍漆黑。突然感覺我身體分成兩下，一個我飄到空中，能夠從遠處看著另一個我躺在床上，看得很清晰，但是，顏色不一樣了。是不是全球公眾資訊網給我提供的圖像資訊服務？

床頭和床尾各站著一個人，後來，其中一個人用一個薄薄的四四方方的刀片，把我的咽喉切開一個四四方方的切口，並且好像是在用羽毛之類的東西輕輕的撣我咽喉處的切口。切、撣的時候，絲毫感覺不到疼痛，只是癢酥酥的感覺。

全球公眾資訊網的客服可溫翻譯了他們的話，意思是大概是說我的咽喉不好，並且說我咽喉以後要生病，咽喉的病疼要伴隨我的一生。

果然，我從20幾歲時候生了慢性咽喉炎，一直到現在，時刻在疼痛，經常犯，苦不堪言，為治療這個病，花去了許多錢，被騙很多次，沒有任何效果，一直痛苦著。

等房間光線亮起來，從遠處看著自己身體的另一個我，突然和睡在床上的我合二為一。因為沒有經歷切割肌肉的痛苦，我一陣激動，懸著的心一下地輕鬆下來。

我看到了諾頓，就從床上坐起來。諾頓問我，我腦海裡那個全球資訊網客服可溫翻譯為：「你有沒有感覺到有什麼東西在你腹部和大腿交界處？」

「好像是一條蛇。冰涼涼的，從那裡遊過。」我回答。

「後來去哪裡了？」

諾頓歪著頭，盯著我看一會兒，沒有等我回答，就走了。

突然想到可能有一條冰涼涼的蛇鑽進我的體內，心裡又害怕起來，剛剛好起來的心情，又沉重起來，並且有噁心的感覺。想到腹中可能有蛇，越想越噁心。

像這樣的人體檢查和實驗，後做了很多次。

有幾次，不但感覺有蛇鑽入體內，而且感覺有肉管子、水蛭之類鑽入體內。

有一次，感覺自己變成了一副白色的骨架平躺在那兒，同時感覺自己身體極度的乾燥、燥熱，像是睡在烈日下的沙漠中。

「那是誰？」我問。

「就是你啊！」全球資訊網客服可溫在回答我。

「那怎麼會是我呢？」沒有聲音再回答我了，我也是無法理解，好在像噩夢結束一樣，不久我清醒了，實驗也結束了，一切恢復到正常狀態。

有的實驗對我體內消耗很大，特別是有肉管子從肛門鑽進去，感覺是太粗、太粗，好像肉管子有自己胳膊那麼粗，是硬生生的擠進去的，在我體內到處遊走。

體力極度透支後，接著就是像死了那樣昏睡，醒來時候一身大汗。

有幾次，我感覺自己從高空墜落，落入地上，地上許多雪亮的鋼針，一下地刺穿了我的腹部，突如其來的巨疼，我立即昏死過去。

諾頓解釋說，這個是模擬的，不是我的腹部真實的被鋼針刺穿過。這麼做是為了測試我到底能夠忍受幾根鋼針刺穿腹部，因為果克星人的女性身體內部有肉管子，和這些女性發生性愛的時候，有可能會被她們的肉管子刺穿我的腹部。

測試我忍受的限度，目的是為了趕在我可能死亡之前及時終止她們的性愛活動。

諾頓這麼說，讓我對他們的女性產生了很強的恐懼和擔憂。

有時候實驗的時候，感覺自己睡得很死，腿伸得一個姿勢時間久了，醒來了很是痠痛。我一想到這兒，他們好像知道我的心思，以後他們經常在我膝蓋下墊上東西。

多次實驗後，我自己也有了經驗技巧，當昏睡要降臨的時候，儘量的擺好睡覺的姿勢，避免醒來時候身體哪兒不舒服。

我在果克星球上，看到果克人行為很放縱，經常遇到有人完全裸露著身體，特別是在光線幽暗的水下、地下洞穴世界中。他們身上的虛擬衣服變得很小，或者時隱時現，有的乾脆就沒有。身體皮膚的顏色也有大幅度的改變，一般變得極度鮮豔亮麗，或者閃耀住各種輝光。

有一次，我和微麗、蘇代爾、諾頓他們在室外，看到有六個果克女人，坐在地上。看到我們的到來，都盯著我們看，可能看到我的個子很高，樣子特殊。她們興奮站起來，像我們揮手，扭動身軀，做出各種嫵媚動作。

忽然看到有一個人衣服在身上突然消失，接著另外幾個人身上的衣服也全部消失的乾乾淨淨，白花花的肉體在明亮光線下，特別的閃眼。

有的人突然從下身伸出許多細細的、明晃晃的肉管子，像夏威夷草裙子那樣圍在身邊。有的人可能請求了全球運動網，居然躍到空中，使自己處於巡航狀態，赤裸著身體，岔開腿，從我的頭頂上輕盈的飄過。

我清晰的看到她們下身一條細長肉縫隙，肉縫隙兩邊凸起長長的肉唇，凸起的部分非常明顯。果克星球的女人下身鼓囊囊的部分，其實就是這兩片豐滿的肉唇合在一起組成的。但當時，我是從她們正下方向上看，沒有她們從正面看，還沒有把她們下身鼓囊囊的部分與這個肉唇聯繫起來。

她們的肉縫隙明顯比我們地球上女人長很多，從身前延續到身後。肉唇周圍沒有陰毛，極為光潔，顏色和身體的其他地方沒有任何區別。

我那時候沒有結婚，也沒有女朋友，但在生活中，有幾次看見我們地球人婦女下身是黑乎乎的。特別是有一次，我在挖黃鱔，突然近距離的看到一個婦女在油菜田解手，看得很清楚，她下身黑乎乎的陰毛，凸起的兩片肉唇很小，高度也遠遠不如我看到的果克星人。

這些果克女人身上不停的閃著耀眼的光，有的人身上從上到下，又從下到上，在不停的在變化顏色。並且，她們都大幅度的扭動著身軀，做出極度下流的動作，看樣子在試圖引誘我們。

「幾個女流氓，真不要臉，在我們地球上是要被公安抓起來的。」我雖然看得心驚肉跳的，想入非非，但是，仍然忍不住譴責起來。

「我們的果克星球，就是一個淫亂的星球。」我耳朵中的全球運動網智慧客服可溫忽然說話了。

我看到諾頓他們無所謂的態度，就把看到的情況向諾頓他們說，可是他們卻說這些女人都有衣服在身上，沒有看到她們赤身著裸體，也沒有看到她們放蕩形骸的行為。

「可能她們開了定向遮罩功能，就是請求全球運動網和全球資訊網把她們真實的裸體形象、放蕩行為，只展現給前哥一個人看，把我們遮罩了，我們看到她們的樣子，是全球運動網和全球資訊網提供給我們的假資訊，或者只是她們之前的狀態，只有前哥看到的才是真的、現在的。」微麗說，「這些人只是對前哥一個人產生興趣啊，對諾頓、蘇代爾，她們看習慣了，她們可能沒有興趣了。」

「我發現你們果克人控制自己能力很差，也不講道德，更沒有羞恥心。我多次發現你們果克人，有的在公共場合完全赤裸著身體，像沒有事情的那樣，別人也都無所謂態度。

我們地球人普遍認為科學水準和道德水準是成正比的，人的科技在發展，道德也是在同步提高，人也變得很文明。社會中人的道德水準高，才可以配擁有高科技。你們是宇宙高級文明的星球，怎麼會是這樣的？」我不解的問。

「我們果克人不提倡人講道德，沒有德道的約束，也沒有法律的約束。」諾頓說。

這個話要是蘇代爾說的，我可能認為是在開玩笑，但是，出於諾頓口中，我有些驚訝。

諾頓給我解釋他們果克人為什麼不提倡講道德。

「科技的發展，就是因為要滿足人的欲望，人的欲望是科技發展的動力，也是社會發展的動力。這些欲望包括了人的良性、正常的欲望，也包括了人壞的、邪惡的欲望。」

有一次，蘇代爾建議，我們晚上出去玩。微麗和諾頓都表示同意，我當然也想出去。

蘇代爾的女友身材、身高和微麗、諾頓女友都差不多，面相也是非常的漂亮精緻。但是，蘇代爾的女友明顯有些妖豔，她的眼珠像鑽石一樣閃著璀璨的光澤，她很特別的是眼睛周圍的肌膚好像是灰色的金屬製造的，閃著金屬光澤。

果克星球的城市夜晚璀璨的燈火，不仔細看，以為是地球上特大城市。只是果克星空中許多建築和地面沒有接觸，下面也完全沒有支撐，同樣有燈火。

許多虛擬大樓顯得特別巨大，這些巨大的虛擬建築上有著各種各樣的果克星文字和一些圖案，這些文字和圖案非常巨大，像是懸浮在空中，不和建築物相互連接，不用問，這個也是果克星高超的虛擬成像技術的結果。

我跟在他們的後面，心裡想，他們不吃不喝，不可能上酒吧，他們能夠玩出什麼花樣來？

我們走到一棟巨大建築物前，我們從大門進去，感覺裡面有很多人，人聲鼎沸，像地球上的歌舞廳。

我們走近了，我一眼看到許多果克星人，排成兩排，中間一個非常長的類似玻璃的長方形櫃子，寬度我估計有2公尺，非常地長，一眼是看不到頭的。

裡面裝滿了水，有許多比果克星人還要小得多的小人在水裡面跳舞。玻璃櫃外面看這些人有的隨著節奏也在跳。

「這裡面的小人是虛擬成像技術搞的吧？」我問諾頓。

「不是的，這次你猜錯了，裡面是真實的人。」諾頓說。

「那你們果克星上還有比你們身材小得多的人？」

「我們果克星人身高都是一樣的，這個是利用人工場改變了物體周圍空間，使人的視覺發生錯誤，裡面的人覺得自己身高沒有變化，就是一種錯覺，如果這些人從裡面出來，和我們身高都是差不多的，你不相信我們可以試一試給你看。」

諾頓說完，叫自己的女友進去跳舞，他的女友答應了，走到附近一個圓形的檯子上，突然上面快速的落下一個類似玻璃做的透明圓柱筒，把諾頓的女友罩住，隨即一個巨型手臂一樣的東西把這個圓柱體連同諾頓的女友一同移走，這個過程非常快，一秒鐘都不到，一閃而已。

諾頓用手指著玻璃水櫃中一個人，說是他的女友，叫我看，我伸頭一看，果然是他女友，只是身材變得很小了，衣服也換了，變得很小，類似於緊身的泳裝。她也看到了我們，揮舞雙手向我們示意，然後也跳起了舞。

「他們在水中怎麼呼吸？」我看到了他們都沒有帶水下呼吸的工具。

「我們果克星人有時候是不需要呼吸的，因為人工場可以為我們提供血氧的，就是直接向血液中供氧。」諾頓說。

蘇代爾鼓動自己的女友去水中跳舞，但是，他的女友拒絕了。一會兒，諾頓女友出來了，泳裝也換成本來的服裝。

後來，我們看到一個大玻璃房子，裡面許多藍色的翻滾的氣球，每一個大約有籃球那麼大。我看有人從似乎是透明玻璃牆壁上緩慢的走進去，我也跟著走進去。

我有一種身體融進玻璃的感覺，但是身體仍然很輕鬆的進入了藍色氣球房子裡。玻璃房子深不見底，我一直向下墜落，但是，下面的藍色氣球密度大，翻滾速度更快，我終於被翻滾的氣球托起。

我在藍色氣球裡翻滾，不久看到了綠色、紅色、白色的、粉紅色等各種顏色的氣球，又看到了大小不一、形狀各異的氣球。

後來，我看到了可能是直徑極為微小的氣球，有的居然能夠緩慢的穿過我的身體，並且在人身體內部造成輕輕摩擦的感覺，感覺能夠影響人的情緒，使人的心情變得好起來。有時候又感覺自己像泡在液體裡，不過，對呼吸絲毫沒有影響。

最後，我出現在一個過道裡，看到了諾頓和蘇代爾他們。我們都沒有問對方，大家沿著這個長長的過道向裡面走。

周圍都是一排排房子，牆壁可能是虛擬透明的，裡面各種各樣的氣球，有的麵包形狀，有長條形狀，有的是絲狀。有的像絲瓜，有的像甜甜圈，有的像蓮藕……

但是，大部分裡面都沒有人在玩，我忽然有一種很浪費的感覺。

過道的地面是非常精緻的、可以發光的地板，好像是金屬製成的，發出幽藍色的光芒。

走著走著，兩邊又出現了高高的黑漆漆的牆壁，天空也是黑色的，看不到頭上的星星，我估計仍然是在室內。

地面藍色的光芒把我們人都照射成了藍色，諾頓、蘇代爾和他們女友都是手把手走著，我仍然是和微麗一前一後走著。

突然，黑漆漆的牆壁上伸出一個東西，射出一束雪亮的密實的白光，射中了諾頓，把諾頓擊個透心亮，我吃了一驚，而諾頓和蘇代爾卻大笑。

「這個虛擬光束，沒有事的。」諾頓說，但是，我看到了諾頓身上那個雪亮的穿心大洞仍然在。突然蘇代爾驚叫一聲，他也中了穿心虛擬光束，接著，蘇代爾和諾頓的女友、微麗都中了虛擬穿心光束，我是最後一個中了虛擬光束的。

後來我們在藍色地面上閃轉騰挪，避讓虛擬光束。儘管如此，我們都身中數槍，蘇代爾跳的是最積極的，但也是最慘的，中的虛擬穿心光束最多，人都變得慘不忍睹，身上到處都是亮著的大洞。

我們走出了藍色地面，我們身上的亮洞立即全部消失掉。

後來我們經過了分身過道，人在這個過道裡面走，後面的人看到前面的人分成了兩片，仍然在地上走著，非常有趣，又有些恐怖。

我們繼續往前走，突然看到地上有許多尖刀，路面也變得坑坑窪窪的，而且佈滿了許多黑色的深不可測的大洞。諾頓毫不猶豫地往前走，並且告訴我們，

「這個是虛擬成像技術搞的，是假的，路面仍然是平整的。」

我們試著走過去，果然路是非常平整，我們一開始慢慢地尋找好路走，後來就加快了步伐。有趣的是，當你踩在尖刀上可以看到尖刀是刺穿了你的腳的。

微麗和諾頓、蘇代爾的女友她們三個女人走得很慢，落在後面。我想地球上的女人和她們都是差不多的，這種情況下可能也是不如男性跑得快的。

諾頓說，「你們閉上眼睛走，就快了。」說完，跑回去，拉著自己的女友一同走。蘇代爾也跑回去，用手拉著自己的女友走。

只有微麗一個人遠遠地落後了，我感到機會來了，跑過去向她伸出了手，她遲疑了一下，但還是把手遞給了我。

她的手也是冰冷冷的，不夠柔軟，比我們地球上人的肌膚硬得多，但是很光滑，如同沾水的黃鱔和鯰魚的光滑程度，感覺皮膚的表面一層很柔軟，下面很硬，硬度差不多也如同黃鱔的背部，如同摸氣壓很大的充氣內胎那樣的手感。

她的手很小，但是，手掌很厚，手很豐滿，不過，一點也感覺不到她有骨頭。

我們繼續往前走，突然看到前面是一個下坎坡，有許多台級，第一個臺階上有幾根像我們地球大街上的路燈立在那裡。

有幾個果克男女擁抱著站在這個類似路燈下，我驚奇的發現這個路燈竟然向這些男女快速的滴下透明的類似膠水的東西，一下地把一對男女包裹起來，變成一個大圓球，快速地滾下臺階。

諾頓、蘇代爾和女友們毫不猶豫地走到奇怪的路燈下，變成了大圓球，像保齡球那樣滾下臺階。

機會來了，我也抱住了微麗，站在這個奇怪的路燈下，微麗沒有拒絕我，可惜她的頭只有我的胸口高，我感覺那些透明液體要落下的時候，我迅速地把微麗抱起來，她又開腿，騎在我的腰上，就被透明膠水包住。我們緊緊地摟抱著，也滾下了臺階。

微麗非常興奮，尤其是在臺階上被高高彈起，再重重地摔下來，微麗就瘋狂地尖叫。臺階滾完了，我們停在地面，那些膠水也從我們身上逐漸的融化，先是落在地面，然後像水一樣流淌走了。

蘇代爾和諾頓他們也不見了蹤影，不知道那裡去了。微麗用手按著耳朵，大概是通過公眾資訊網和諾頓他們在聯繫。

「微麗，諾頓他們那裡去了？」我問。

「不管他們，我們回去。」微麗衝上前摟著我的腰說，「我剛才好像有了奇妙的感覺，我們現在回去，回到我的小窩裡，我們繼續這種感覺，很美妙，是吧？」

微麗舉起左手，在耳朵邊俏皮地揮一下，恍惚之間，通過全球運動網，我們就來到了微麗家。

微麗家也是非常的精緻，房子和用具很多是圓形的，裡面有一些奇異的植物和花草之類，很多半透明的粉紅色窗紗之類的東西垂在房間裡，看東西隱隱約約的，體現了女性一些獨特的個性。

房屋裡看不到電燈泡之類的東西，但是，光線很柔和，感覺是從整體牆壁裡均勻發出的。

微麗家有幾個寵物，還有兩個機器人，暗紅色的身體，身體時時刻刻微微的抖動，像是許多紛紛擾擾的微小的東西組成。

微麗斜躺在虛擬床上，樣子高貴，姿勢很優雅，她說，「我要給你食物，是碳水化合物，不過是固體。」

微麗捂住耳朵，一會兒，一些條狀的食物出現在我身旁的一張桌子上。

沒有筷子、刀叉之類的餐具，我用手拿著吃了起來，感覺味道很好，有的有嚼勁，有的像萵筍的味道。

地球人很奇怪，到了一個陌生的環境，總是要認一個人作為親人，一切行動都跟著這個親人。我一開始心裡認諾頓為親人，現在又好像轉移到微麗身上。

她兩腿之間大約有8、9公分空隙，大腿的根部是兩片鼓起的肉唇，中間一條豎起的細長縫隙，前面延續到她小肚子上，後面屁股上也延續很長，超過我們地球人。

在她小肚子上，肉唇鼓起不明顯，到了大腿根部，肉唇鼓起來最突出。

不過，她的身上肌膚的顏色又開始變化，由白色變成淡淡的粉紅色，再變成淡淡的黃色，再變成細膩的綠色，以後又變成藍色和紫色，再到紫黑色，後又變回白色。

在變成藍色的時候，身體會突然發出比較強的淡藍色輝光，這種情況我以後多次見到。

她的黑色的衣服好像是從她肌膚裡長出來的。她的衣服和她的肉體是融為一體的？當時真是無法想像。

後來我知道是她們的全球資訊網和全球運動網在她身上搞的虛擬影像，她們所謂的衣服只是一個虛擬影像而已。

她們皮膚的顏色、皮膚上圖案的變化，都是全球運動網和全球資訊網遠端搞的，她們皮膚看起來漫反射的感覺，有時候看起來極度光滑發亮，也是她們兩大網路修飾的結果。

她們說果克星人也有真實的衣服，不過絕大多數情況下衣服都是虛擬影像。

她們身上沒有真實的衣服，是不是你用手摸，就一定摸到他們的裸露的身體？這個也不一定，她們可以請求全球運動網在自己身上製造各種屏障效應，使你手摸上去，有著各種不同的感覺，未必完全就是裸體的感覺。

她們的皮膚在完全沒有修飾的場景下，也是粉白色的，看起來也是很漂亮，其光滑、細膩的程度，仍然是我們地球人皮膚所望塵莫及的。

後來微麗的下身突然又伸出許多感覺柔軟的細管子，大約有上百根，雪青色夾雜著紫色，顏色很深，而且是極其鮮豔，油亮亮的，感覺沾滿了粘稠的液體。

管子頭部可以形成一個螺旋式的圓圈，圓圈的顏色淡了很多，但是看起來更加的鮮豔，像許多花朵簇擁在她的周圍，這個就是果克星人女性最重要的性器官。

漫步外星雲端：探索果克星球的空中世界

由於太疲勞，我睡得很香，被微麗的手在臉上撫摸而弄醒，起來一看已經是天亮了。

「我們今天出去玩，」微麗說，「我和諾頓他們商量好的，有一段屬於我們的時間。」

我明白果克星球高度發達，絕大多數人日常生活就是怎麼去玩，不用勞動、幹活。

我建議微麗到農村去玩。微麗怔怔地望著我，沒有說話。

「我們到鄉下去玩，」我說。

微麗還是怔怔地望著我，我想可能微麗不知道農村、鄉下是什麼意思，就說：「我們到田野上去玩，有泥土的的地方玩。」

也不知道微麗有沒有聽懂我的話，沒有答話，她在耳朵邊一按，我們通過全球運動網在微麗家立即消失，出現在果克星球一塊天然土地上。

這塊土地是鐵紅色的，我想可能是氧化鐵含量高的原因。一眼望去，到處是各種植物，有草本和大樹之類的，各種奇異的花草。以綠色為主，

果克星球的田野，作者手繪

白色的、黃色的、紅色的花點綴其中，給人姹紫嫣紅的感覺。

偶爾藍色的、黑色等其他一些顏色的花，給人很神秘的感覺。和地球有所不同的是細細的小草很少，看不到枯萎的植物和枯葉，花草的顏色很鮮豔，葉子一般都是粗大而飽滿，表面看起來好像有蠟質。

鐵紅色的土地中也有小水塘。我在家裡經常逮黃鱔，我特意看看小水塘有沒有黃鱔，雖然看到不少水生動物，水塘邊的泥土也有水生動物鑽的洞，不過，沒有看到黃鱔和地球上常見的水生動物。

陽光很明媚，但是，不是很暖和，有種陰冷的感覺。

我們在花草中漫步，突然看到前面有一個綠色的小屋。走到小屋附近，才看清楚這個小屋是一種藤條按照特定方式生長而成的。

小屋是兩層，有樓梯，有門窗，都是藤條按照一定模式生長構成的，底下一層也是長滿的藤條，非常精緻。我也看到了一些小蟲子在藤條上爬來爬去的。

我和微麗走進了小屋，我摟住微麗在藤條小屋裡慢慢地走著。

此時此景，我好像在以前的夢中見過，忽然有一種莫名其妙的衝動，上前把微麗壓倒在地上，我們在滿是藤條的地上打滾。

我在地球上，好像以前夢過這個場景下，這個夢境的記憶很清晰，經常縈繞在腦海裡，沒有想到現在在這個地方變成了現實。

我剛想詢問微麗我們再到那裡去玩，突然，我和微麗腳步一輕，雙雙的升到空中懸浮著，我大驚，「伊呀，這個是怎麼一回事？」

微麗說：「這個是我請求全球運動網弄的呀。」

「全球運動網只能把東西和人從一個地方送到另一個地方，怎麼會讓人在空中懸浮呢？」我問。

「運動網把我們送到空中後，再送走很小一斷距離然後停下，再把我們送走很小距離，再停下，這樣反反覆覆的，我們就懸浮在空間中了。」微麗解釋說。

「噢，我明白了，由於運動網在空中把我們送的距離非常小，隔很微小的時間又把我們送走很小一段距離，這個距離和時間小到一定程度，我們人就感覺不到自己在運動啦，就像懸浮在空中了。」

「嗯，是這個意思，你真的很聰明啊。」

這樣我和微麗在空中很愉快、很隨便地漫步，後來我們又上升到雲層中，雲層其實就是一些氣霧而已。

我和微麗在雲層中漫步，感覺很舒爽，但是看地面不清楚。後來我們又降低了高度，地上的景物一覽無遺。

我心想，科技高度發達就是好，人心裡想怎麼著就怎麼著，什麼想法都可以實現，真是隨心所欲的感覺。

後來，我想看看果克星球有沒有河流。

微麗說：「我們果克星球也有許多水的，不但陸地上河裡、湖泊有水，而且也有大海，我現在就帶你看看我們的河流和湖泊。」

我們從空中降到了地面，出現在我們眼前的確是一條彎彎曲曲的河流，我們站在河堤上，看到河流雖然彎彎曲曲的，但是，顯然是被人高度加工過，河堤被人工修築過，覆蓋著類似塑膠的東西在上面，連續不斷的覆蓋在河堤上，一眼望不到頭，顯得非常地整體，河水碧清的，毫無污染的痕跡。

後來我又建議看看大的河流，我們果然看到很大河流和很大的湖泊，河的河堤和湖泊的岸邊都是人工修築過的，很整齊的樣子。但是，沒有看到人居住的房屋。

在一個很大的湖泊邊，我們停下了腳步，看到湖泊水邊一塊草地上和草地附近的岩石上棲棲著許多各種各樣的動物。

我建議下去看看，由於湖泊的大堤太高，微麗請求運動網，我們下去了。

在草地上，我們看到了類似地球上老鱉的動物，密密麻麻地在草地上曬太陽，看到我們，許多開始逃跑，我看到牠們後面長著長長的尾巴。

在一個巨大的岩石上，我同樣看到許多動物密密麻麻地在曬太陽，這些動物有的體型較大，很多像白蛆，肉憨憨的，看到我們根本就不理睬，有的懶洋洋的翹起頭，看我們一眼，又繼續地睡覺。

突然從岩石下噴起一股巨大的水柱，很多在岩石上的曬太陽的動物被水噴下來。

我們感到奇怪，風平浪靜的湖泊怎麼突然就掀起巨浪。我們走到附近，才看清楚，原來岩石下面水中隱藏著一個巨大的水怪，嘴有一間房子那樣大，這個怪獸剛才噴水把曬太陽的動物噴下來，有的動物掉進牠嘴裡，牠現在正在津津有味地吃著這些動物。

我和微麗都感到恐懼，「我們還是回去吧。」我建議。

「好的，我們回去，」微麗說，「我個頭小，那水怪吃不飽的，你個頭大，可以夠水怪吃一頓的，所以，水怪是喜歡你的。」

微麗的話剛說完，我們已經通過運動網回到了微麗的家裡。

海底探險：奇遇海底蛇人

我們回到了微麗家，休息了一夜，第二天，我們又商量著出去玩。

我建議到大海邊上玩，我想看看果克星球的大海，其實，地球上的大海我也沒有看過，特別想看大海。

微麗建議我們到海底玩，到海底玩肯定更加刺激，可是怎麼能夠到海底玩？用潛水艇嗎？果克星球的潛水艇是什麼樣子，肯定比地球上先進吧。

微麗能借到潛水艇嗎？管她呢，主意是她提出的，她就要負責解決潛水艇問題。我同意了微麗的建議。

「我們是不是用潛水艇到海底遊玩啊？」

「啊，是的。」。

「你們的潛水艇是什麼樣子，和我們地球上差不多嘛？」

「唔，這個，我們去了，你一看就知道了。」

我們通過全球運動網，來到了一個巨大房屋面前。微麗說，我們就從這裡出發到海底去。這個有點出乎我的意料，我心裡想像著，應該是首先看到一望無際的大海，大海邊上有建築物，海邊漂浮著許多潛水艇，出租給遊客。

可是眼前的房屋巨大，很高很長，一眼看不到頭，根本就看不到海洋的影子。

我想問微麗，我們是不是搞錯了，可是我轉念一想，這個可能像地球上的火車站，火車就在車站後面，可能我們走到這些房屋裡邊，就可以看到大海。

果然，微麗說，我們從這個房屋進去，領到了潛水艇就可以從這個房屋裡直接到海底。

「領潛水艇要花錢嗎？」

「這個？可能需要財富值。」

「什麼叫財富值？」

「就是我們果克人平時做公益事情，為他人提供服務，全球資訊網會自動記錄下來的你所得到的一種財富值。

如果什麼也不幹，一段固定的時間內，也可以得到一個固定數值的財富值，和你們地球上金錢概念差不多，只是看不到鈔票而已，只是全球資訊網上一個數字，是一種虛擬貨幣。」微麗的解釋，我似乎有些明白。

我們走進了這些高大精緻的房屋裡，裡面房屋不但極為精緻，結構也是非常的複雜，有不少果克星人走來走去的，仍然看不到大海。

微麗帶著我走到一個精緻的房屋前，微麗按住耳朵，用大腦向全球資訊網發資訊，一會兒，門打開了。

屋裡面非常精緻漂亮，中心像一個圓柱形舞臺，不知道什麼材料做的，像玻璃那樣透明，看上去比玻璃更加精緻。屋裡的牆壁像一種金屬做的，極度光潔。

我們一進去，門就自動關閉，空中伸出幾個黑色的柔軟的管子，把我和微麗吸起來，然後輕輕的放在中央的圓臺上。

隨著輕微的響聲，圓臺立即旋轉起來，並且下降成一個圓坑。我們站在圓坑中央。突然在微麗眼前出現了氣霧狀的三維虛擬影像，上面顯示許多果克星球的文字，微麗熟練在上面操作，一會兒，虛擬影像消失，微麗說搞好了。

我期待著潛水艇的出現，或者可以進入潛水艇的通道出現，可是，牆壁上只是伸出一個黑色的管子，端部有一個肥皂狀、比肥皂小的紅色東西，微麗接過去，遞給我叫我吃下去。

微麗自己為什麼不吃？我心裡起疑惑，但是轉念一想，微麗不至於害我吧，就吃了起來。感覺像軟糖，沒有什麼味道，可是到了肚裡，立即就發作起來了，感覺自己瞬間具有巨大的力量，覺得自己的身體內部有股巨大力量要爆發出來。

一會兒，一個鯊魚狀的東西出現在圓坑內，我和微麗被緊緊地包裹在這個鯊魚的內部。鯊魚的眼睛就好像是我的眼睛，鯊魚的翅就好像是我的雙手，鯊魚的尾巴好像是我的雙腿。我似乎有點明白了，這個鯊魚就是潛水艇，果克星球的潛水艇就是這個鯊魚狀人造生物，這個大大出乎我的意料。

這個圓坑繼續下降，終於湧進了海水，我們一下地就進入到了海底。到了海底，可以看到頭上巨大的、看不到邊的、黑乎乎的長板，45度傾斜著懸在我們頭頂上，上面許多圓洞，還可以看到幾個別的鯊魚狀的生物潛水艇正從圓洞裡快速地出來，估計他們也是果克星人到海底遊玩的。

我的耳部突然出現了音樂，只是這種水下音樂模式像超重低音，咚咚的，聽起來心臟都隨之顫動，很不舒服。

接著一個聲音傳來，「全球公眾資訊網歡迎你，啟動水下資訊處理模式……」。

過一會兒，耳邊又傳來，「歡迎你使用全球公眾運動網，啟動水下安全模式……請你選擇，你希望去的海洋區域。」

我不知道要到那裡去玩，微麗提醒我，「礦那海溝。」

我嘴裡念到，礦那海溝，一剎那間，我們所處的環境就變了。

我們遊了一會兒，看到了頭頂上海水撒進來的陽光，我估計已經不在生物潛水艇出租屋附近了，我想我們已經通過全球運動網進入了礦那海溝。

到了正常的海面了，我努力向上游，感到海水溫度在增高，把頭翹出海面，果然看到了風平浪靜、碧水藍天的大海。

我們首先進入一個人工開鑿的的長洞，長洞圍繞海底一坐山盤旋，有幾段是和外部相通的，洞的邊緣許多柱子，這些柱子都是塑像，就是一個個人的頭部像。

洞中還有許多岔洞，這些岔洞極為的光滑，我們進去後可以在這些極度光滑的洞中快速的滑行。有的洞中有許多柔軟的絨毛，像蚯蚓、水蛭、蟲子，有的像章魚、蛇，推搡著我們在洞中前進。有的洞中不時的噴出許多粘稠、絲滑的液體。

仔細的觀察海底，我發現許多巨大的人工建築痕跡，我想這個可能是果克星球科技太發達，如果是地球人，沒有這個力量在海底搞這些巨大建築的。

我們從洞中出來，突然看見多紅色的亮點子向我們快速遊來，砸在我們這個鯊魚狀的生物潛水艇上。我仔細的看了一下，這些紅色的亮點子是一種蝦狀生物身上攜帶的。

我身上也同步的感覺到有點疼。問微麗疼不疼，她說不疼，「你身上那些細細的紅線就如同神經，你可以控制、操縱這個生物潛水艇，你可以感覺外界的一切刺激，都是通過這些紅色的細線傳遞資訊的，而我沒有，所以我感覺不到的。不過我可以看到外面的一切。」

「你為什麼也可以看到外面？」

「這個？全球資訊網的原因，我大腦可以和全球資訊網聯在一起，全球資訊網可以獲取果克星球天上、地面、地下、海底的一切資訊，然後傳給我，時刻為我提供資訊服務。」

我們在海底遊弋，頭頂上許多各種各樣的魚類遊過，許多奇異的植物在海底輕輕的搖曳，海底光陸怪異的景象，加上海底不是很強的光線，給人以似夢如幻般的感覺。

而且人在水裡，身體沒有重量感覺，人好像進入了一種特殊的自由狀態，沒有重力約束，更沒有社會中他人的觀望和約束，毫無羞恥感。

我甚至懷疑微麗邀請我到海底遊玩的目的，就是為了尋找這種性刺激。

通過全球資訊網客服可溫提供的畫面，我們的鯊魚狀的生物潛水艇像喝醉了酒似，在海底搖搖晃晃的遊行，和那些矯健遊弋的魚類明顯不同。

後來，我看到一個銀白色的不太大的小魚停在海底岩石上，這個魚很特殊，好像是人工製造的感覺，牙齒很尖銳，我試圖靠近牠，突然全球資訊網客服可溫傳來警告聲音，

「危險，標槍魚，可能有機械傷害，無毒。」

我沒有重視全球資訊網提供的警告，靠近了這個小魚，突然，這個小魚的一個牙齒迅速射出，後面連著線，擊中我的生物潛水艇背部，這個小魚又迅速地收回牙齒。

我背部同步的感到巨疼，我看到背部有渾濁的白色液體冒出。

我正在擔心這個生物潛水艇受的傷，突然耳部傳來資訊網客服可溫的聲音，「受傷類型，機械傷，無毒，全球運動網啟動遠端治療模式。」

很快，我們的生物潛水艇就好了，我緊張的心又放下了。

後來，我們又遇到了更大的危險。

我看到一個黑乎乎的橢圓豎直洞穴，形狀好像是我們地球上躺著的女人的陰戶，有魚類進進出出的。

好奇心使我想進去看看，又擔心危險，正在猶豫，突然想到有全球運動網的保護，就進去了。

我的生物潛水艇碰了一下這個洞口，感覺很柔軟，的確好像是人的肌膚。

果然，進去後才發現我們是進入了一個巨大的魚類的嘴裡。

我們一進去，那個大魚就把嘴合上，巨大、整齊而又尖銳的牙齒朝我們壓來，我驚得一身冷汗，按理在1之2秒鐘內我們會粉身碎骨的。

我的耳部傳來，「全球運動網使用區域封閉保護。」果然一個圓柱體把我們包圍，這個圓柱體內的水流和外界的水流明顯不同，形成一個介面，可以很清楚地看出來。

這個大魚的牙齒合不起來了，只好把我們吐出來，全球運動網救了我們。

遊走中，我問微麗，「有沒有像我們這樣在海裡遊玩的果克人？」

「肯定有的，不過，很難碰到的，我們果克星球的海洋比你們地球的海洋大得多。從外表看大家又都是魚類，如果不通過全球資訊網，在海底很難聯繫上他們。不過，還有長年生活在海底的各種高級生命體，可以通過全球資訊網在附近發現他們，你想不想看一看他們？」

「想看一看的。」

在微麗的指引下，我看到了一個高級生命體，一眼看仍然是魚類形狀，體型較大，白色的、扁扁的身體，極度流線型，只是眼睛好像有神情，和我們對視一會兒，然後不緊不慢地跟著我們。

微麗要我加快步伐離開這個生命體，

「這個生命體非常危險，她是一個女性，可能在水中生活了上萬年，某些性能比我們果克人更高級，可以置換身體，也可以自我進化，她有許多不可思議的本領，她可以破壞全球運動網對我們的保護。

我們果克人的意識都有備份的，而且全球公眾資訊網還時刻跟蹤我們，不間斷的來記錄我們的意識資訊，如果身體被她掠奪，不能夠復原，我們可以把備份的意識加上記錄的意識，按裝在一個新的人造生物體上，人就可以復活，所以，結果不是很嚴重。

我們快速游走，終於那個智慧生命體沒有跟上了。後又看到許多蛇狀的東西在海底搖擺，我降低了高度，到了附近，看到了許多眼鏡蛇一樣的生物，形狀像是地球上女人和眼鏡蛇的合體。

微麗說這個是海底蛇人，是一種介於動物和植物之間的生命體。

仔細看來，這些蛇人赤身裸體，柔和粉紅色的身體有著一些蛇的花紋，和蛇一樣細長，有著人一樣的面相、五感，眼睛特別修長，嘴巴和鼻子極小，沒有手和胳膊和腿，或者說兩條腿是連在一起的，有尖尖的細長乳房，有陰部，腰極度纖細，身上有網格紋路。

這蛇人身體下部連在一個巨大的好像是一種特殊的肉體上。

看到我們靠近，這些蛇人突然躁動、狂舞起來，擺出各種姿勢，極具有誘惑，我感到一陣陣心旗蕩漾，簡直難以抵擋。

微麗叫我離開，

「這些蛇人也是非常危險的，她們有特殊的劇毒，如果你被她們捕獲，她們會給你注射毒液，會使你感到極度快樂，她們吃掉，或者融化掉你身體一部分，你都毫無疼痛，她們一邊吃你身體，一邊向你身體注入毒液，你會極度快樂中身體被她們全部吃掉。」

看來，果克星球海洋裡充滿了危險，我想回家了，「微麗，我們怎麼回去啊？」

「通過全球運動網啊。」微麗問，「不想在海底玩了，想回去了？」

「啊，是的，我想回去，這裡讓我感到害怕。」

「好吧，我來請求運動網讓我們回去。」

很快，我們又回到了那個開始進入海底的有圓臺的房屋裡，我們的鯊魚狀生物潛水艇逐漸融化，變成粘稠白色液體，我身上的細紅線也一同消失了。

微麗用手按著頭，赤裸的粉白色的肌膚逐漸顯現出衣服來，他們果克人的虛擬衣服就是方便。

我們走到牆壁，牆壁自動開一扇門，我和微麗手把手走出了這個屋子裡，結束了這次海底潛游。

參觀果克星球人工場控制中心：揭開未來工業的秘密

果克星球最重要的基礎設施就是人工場發射器，果克星球神奇的全球運動網瞬移技術就是依靠人工場發射器來工作的。

終於有一次機會，我和微麗、諾頓、蘇代爾一起去參觀了人工場發射中心。

我問人工場發射器在果克星球的那個地方？蘇代爾用手對天上一指，在白天的情況下，我都看到了一個銀灰色的衛星。

通過全球運動網，我們四個人瞬間到了人工場發生中心。到了那裡，才發現人工場發生器中心其實是非常巨大的，人在裡面，根本就看不到個所以然。

人工場發射中心很多非常精緻的金屬房間連在一起，以鉛灰色和銀灰色為主，房間沒有燈泡之類的東西，全體牆壁上發出柔和的光，但是我沒有看到果克星球常見的虛擬房屋。

「唔，太大了，好像到了另一個星球。這兒不應該叫人工場發射器，應該叫人工場發射中心。」我在驚歎。

「對，是的，這兒就叫人工場發射中心，裡面最重要的設備就是人工場發生器。人工場發射中心，不光為全球運動網提供瞬移服務，也為我們果克星球提供能量的中心，也是全球公眾資訊網核心地方，全球資訊處理中心。我們不像你們地球使用電能，而是使用場能。」

蘇代爾說，「人工場發射中心，實際上是果克星球能量發射、動力分配、資訊處理中心，也是能源接受中心，通過彙聚恒星能量接受器來接受恒星的能量。如果這個設備在你們地球上，應該叫彙聚太陽能接收器。

人工場發射中心像你們地球上的同步衛星，這樣的發射中心我們果克星球一共有9個。在我們附近的其他體積小的星球，有的是6個。

這個人工場發射中心也是我工作的地方之一，不過，我不需要人在這裡，只是偶爾來這裡，我是通過公眾資訊網遠端為這裡工作的。」

「前哥，你知道嗎？」微麗說，「人工場發射中心核心部分所在的地方是不能提供瞬移服務的。」

「噢，這個我理解，就像我們地球上的理髮師，可以為任何人理髮，唯獨不能為自己理髮。」

「我們現在走在這個人工場發射中心，感覺到的重力其實是人工製造的。」諾頓插話。

人工場發射中心，作者手繪

人工場發射中心有許多工作人員，身高都是在一公尺左右，看到我們，都扭頭觀看，可能就是因為我的個頭大，才引起他們的注目。發射中心許多人在議論紛紛，但是，全球公眾資訊網客服可溫沒有給我翻譯，也不知道他們在議論什麼。

我們走著走著，突然身體離開地面大約30公分高而懸浮起來，並且快速的自動在空中移動。我們從走路狀態變成了巡航狀態，這個是什麼原因，我沒有問，果殼星球神奇的技術太多了，我似乎有些不奇怪了。

我們一行人很快的到了人工場發生中心的核心部分，蘇代爾指著一個巨大圓環狀的圓管，說按照你們地球的長度度量，圓環直徑大約有10公里，圓管直徑接近一公里。

蘇代爾說：

「這個是人工場發射器的核心部件——粒子環流裝置，其餘的許多設備大都是輔佐部分，還有一個很重要的設備是彙聚恒星能接收器，不過體積小的多，是專門接受恒星（相對於你們地球上的太陽）能量的。

彙聚恒星能接收器在環流器的上面，等一會兒我們可以去觀看的。」

「那這個人工場發射中心的基本原理是什麼？」我問。

「和飛碟的飛行原理基本一致，都是通過變化的電磁場產生的正、反引力場來影響周圍空間、時間來實現的……」諾頓正在給我解釋。

這個時候，人工場發射中心的人（估計是管理人員）出來迎接蘇代爾和諾頓，他們走進一個房間，看來他們有事情，諾頓示意由微麗陪伴著我到處參觀。

「飛碟怎麼能夠和這個人工場發射中心是相同的原理？」我的好奇和疑問現在只好問微麗了。

「飛碟和人工場都是吃掉周圍的空間，來影響空間中存在的物體的品質和電荷分佈，來工作的呀。」微麗說話的聲音很嫵媚，但是，不好理解，我還是不太明白。

「飛碟和人工場發生中心是怎麼吃掉周圍空間的？通過什麼方式？」我繼續問。

「變化的電磁場可以產生正、反引力場，反引力場可以以光速離開人工場發射中心，照射到物體上，可以使物體周圍的空間消失，可以使物體的品質和電荷也同時消失。物體沒有品質和電荷，會處於激發狀態，會以光速運動起來，會出現許多奇異的性質，……這些是我知道的知識，其實我對這些知識也不是很清楚的。」

微麗趁我彎腰和她說話的時候，突然把頭伸到我的下巴，雙手勾住了我的脖子，柔聲地問：「你還有什麼問題要問？」

「那場到底是什麼東西？」

「場就是以圓柱狀螺旋式運動變化的空間。」

微麗還喜歡請求全球運動網，使她的身體失去重量，漂浮在空中，和我的身高保持一樣的高度，或者使我的臉和她大腿根部一樣高，然後像一個鯰魚那樣，圍繞我的上半身繞來繞去的，或者騎在我的脖子上。

我和微麗手把手，在離地面30公分高的空中自動滑行。

我們終於來到了粒子環流器的上面，看到了彙聚恒星能接收器，和粒子環流器給人的震撼感覺不同，彙聚太陽能接收器就是一個巨大的平板上，分佈許多圓圈，這些圓圈好像是畫在平板上的，圓圈中間有一個黑點，可能是洞，也可能是什麼別的東西做的，遠遠的看不清楚。

我想走近去看看，微麗說，「這個是不允許靠近地方，對人有危險的，不過，你也去不了的。」

「彙聚恒星能接收器可以影響周圍空間，是不是把空間中的恒星的光能量彙聚在一起接受下來？」我問。

「是的，你們地球上一平方公尺太陽能板只能接受一平方公尺太陽能，而這個彙聚太陽能接收器可以把空間彙聚壓縮，可以使一平方公尺可以接受上萬、甚至上億平方公尺太陽能的。」

「啊，厲害啊，不過，假如有飛船飛過，會不會被彙聚恒星能接收器幹掉。」

「嗯，肯定是有可能的，我們果克人早就意識到這個問題，把空間網格化，彙聚恒星能接收器影響空間是網格化的，不是連續不斷的，對飛船的影響是可以忽略的。」

「網格化是什麼意思啊？」

「就是這個意思，」微麗用手指在空中畫幾道橫線，再畫幾道分隔號，「前哥，你這麼聰明，應該明白的。」

「噢，我明白了，」其實我仍然不明白。

「彙聚恒星能接收器不光對空中照射，還可以水準、向下對地面照射，對地面照射可以減少某個地方的恒星能量，也就是你們所說的太陽能，結合電子電腦分析，可以人為的調節果克星球的大氣，好像把整個果克星球裝上一個大空調，這樣可以控制我們果克星球的天氣，可以強力的避免有害天氣的出現。

你們地球上狂風、颱風、暴雨、閃電等災害天氣，其動力源頭就是太陽光。

我們在吸收星球上空恒星光能量的時候，就用電腦分析，那一個地方應該要多吸收多少恒星光能量，那一個地方應該要少吸收多少恒星光能量，這樣，我們可以有目的、有計劃的讓一個地方接受多少恒星光能量，這樣就從源頭上避免有害天氣的出現。

我們果克星球從來就不會出現災害天氣，一切都在我們掌握中，而你們地球糟糕天氣不斷，你們每年因為這個死了不少人，是吧？」

「嗯，是的，要是我們地球人有這個彙聚太陽能，那多好啊！」

「啊，前哥，回去你造一個啊，你可以成為你們地球上大富翁的。」

後來，我們四個人在一個地方遇齊，我們正準備離開人工場發生中心，突然，我看到一個不可思議的現象，就是人工場發射中心有的房間門開的，和太空是連在一起，這樣，人工場發生中心的空氣要流到太空中，會迅速耗光，為什麼要這樣設計啊？我忍不住地問。

蘇代爾用手一指，「你自己去門邊摸一摸。」

我跑到門邊，用手一推，一股無形的力量阻礙了我，噢，只是虛擬牆壁而已，因為這個虛擬牆壁沒有鎖住顏色，把我給迷惑了。

我們通過人工場的瞬移，又回到了微麗的家裡，我仍然在想人工場發射中心，仍然有許多疑問，人工場發射中心怎麼會不影響人和周圍環境……發現微麗、諾頓和蘇代爾他們都這些問題不感興趣，懶得回答，他們聊著別的話題，我只好打住了。

光線虛擬人：果克星球的科技奇觀

有一次和諾頓、蘇代爾、微麗，看到一些奇怪的果克人，這些人身體好像沒有重量，走路飄飄然的樣子，看身材和表情和一般的果克人沒有什麼區別，我突然看到這些人直接從房子的牆壁上飄然進去，好像牆壁對這些人毫無阻力的樣子。

我馬上想到可能是全球運動網幫助他們的，可是全球運動網使人運動的過程是極快的，運動過程人是看不到。我感到好奇，一種直覺是這些人和普通果克人是不一樣的。

「啊，這些人好奇怪啊？是怎麼進到房子裡去的？你們能夠做到這樣嗎？」我覺得很奇怪。

「這些人是果克星球的光線虛擬人。」微麗不以為然，「在諾頓的住處，你已經看過的。」

「噢，建築可以是虛擬的，人體也可以虛擬啊？我看到的虛擬建築時刻在微微抖動，這些人的身體為什麼沒有這種抖動現象啊？」

「建築要求不高，普通建築的外表，人工場成像技術可以做得粗糙一些，而虛擬人的外表人工場成像技術要細膩得多，當細膩到一定程度，你就無法看到抖動。」

微麗給我解釋，可是我仍然是不能理解。

「關於虛擬人，你有許多不理解的地方。」諾頓看到我一臉迷茫，給出了比較專業的解釋：

「我們果克人發明了人工場掃描技術，掃描人的大腦來記錄人的思想意識，記錄後儲存在電腦裡。當時的想法是，等我們果克星球人的科技發展到一定的程度，可以製造自己的身體，可以把記錄的思想意識資訊安裝到人工製造的人的身體上，這樣人就可以通過換年輕人的身體，達到長生不老的目的。

這些記錄在電腦裡的人的思想意識資訊，從一開始，就不是放在電腦裡靜止不動的，而是讓這些人的意識數位在電腦和網路中運行著，這個是我們果克星人最早的虛擬人。

果克星球的虛擬人剛剛出現的時候，只是存在於果克星球的電腦和網路中，現實中的人需要借助圖像顯示裝置才能夠看到這些虛擬人，和這些虛擬人交流。

而且這些虛擬人的外表形象是頻繁的變化著，缺乏一個人的完整概念。

那時候，果克星人的思想意識數位在網路和電腦中運行著，我們還遇到一個很大的麻煩。人的思想意識存在於人的大腦裡，一般情況下是無法修改的，但是，一旦存在在電腦和網路中，就很容易被別人或者自己所修改。

我們在這個階段，頻繁的修改人的思想意識數字，產生了巨大的副作用。

後來，我們提出了「人的原始根代碼」概念，在某些情況下，人的思想意識可以恢復到剛開始記錄時候的資訊。

我們真正能夠製造生物，製造人的身體時候，仍然沿襲了這個習慣，「人的原始根代碼」成了我們的一個重要概念。

你們地球上如果實現了保留思想意識、換身體的長生不老技術，「人的原始根代碼」必然是你們地球人一個重要的、繞不開的概念。

剛開始那時候，我們的虛擬人雖然也有用光線來表現出來的，還不能算是真正意義上的光線虛擬人。

後來，隨著三維虛擬成像技術和人工場掃描技術的發展，才可以使虛擬人從網路和顯示螢幕中走出來。

由光線影像組成的三維虛擬人走到大街上，後來又擴展到現實世界任何一個角落裡。

你看到的光線虛擬人，是人工場掃描技術遠端鎖住了當地的光線和顏色，加上三維立體成像技術而產生出來的。

如果不是用人工場掃描鎖住當地的光線，光線從遠處射來，遇到物體阻擋，很難處理的。

如果是在夜晚，你看到的虛擬人，一般比較暗淡，因為夜晚鎖住的光線量比較小，白天看到的虛擬人，比較明亮、清晰，因為白天光線充足。

不過，有時候，晚上也可以人為地使鎖住的光線加強，使虛擬人看起來格外的明亮，這種情況也比較常見。

這個虛擬人走到那裡，都有全球運動網、全球資訊網、全球定位系統在跟蹤提供服務，這個需要龐大的數位流量來支援著。

虛擬人本質上就是大數位集合的產物，沒有強大的對資訊儲存、計算能力的人工場掃描電腦，是不可能實現的，這些人工場掃描計算能力是你們地球人電腦的數億億倍。

虛擬人身體雖然只是由光線組成，沒有真實的身體，但是這些虛擬人和真實的人一樣擁有自我意識，這種自我意識本質是資訊，以數位的方式儲存在電腦裡，並且在電腦裡運行著。

虛擬人之間可以相互交流，建立感情，真實人所具有的思想、情感活動，虛擬人都具有。

但是，虛擬人對現實世界的感受和普通人有很多巨大的區別。

比如，虛擬人不需要喝水、吃飯、排泄，自然沒有餓了、飽了、渴的感覺。虛擬人感覺不到自己的身體的重量，虛擬人的身體從來就沒有病痛，因為他們本來就沒有身體。

但是，虛擬人存在著精神上的疾病和痛苦。虛擬人也存在幸福感和快感，虛擬人也分男女和中性人，具有異性戀和同性戀。

還有，虛擬人對物理世界中空間、時間、力、熱、光、聲音……的感知和認識與我們普通人都有很大的區別。

虛擬人從一個地方運動到另一個地方，比肉體人更加的容易和隨意。任何物體都阻擋不了他們，他們沒有物體阻擋的概念，他們想進去就進去，想出來就出來。

虛擬人沒有空間距離障礙，他們可以說生活在二維世界裡，只是非實物的一組資訊集合體。

虛擬人對時間的感受，與我們肉體人有很大的不同。

虛擬人幾乎沒有白天、黑夜的概念，不需要通過睡覺來休息。虛擬人感覺不到高溫和嚴寒。火山和冰山，無論怎麼險惡的環境，他們都可以隨意的出入。

果克星球的虛擬人也是逐漸發展起來的，特別是人工場掃描的虛擬成像技術的發展，才可以把本來存在於電腦網路中的純虛擬人用虛擬成像技術在果克星球任意一個地方，以光線虛擬人表現出來。

「噢，我有些明白，就是人工場按照一定模式在大街上鎖定一些光線，呈現一些人的外表圖像來，實際上這些人是不是真的在這個地方的，仍然以數字的形式存在電腦裡。」我說。

諾頓也給出解釋，

「對的，但也不是這麼簡單，這個人工場成像技術是全球運動網造的，參與這個過程的還有全球公眾資訊網路和全球運動網中的定位系統，可以時刻捕捉這個地方的各種資訊給虛擬人，所獲得的資訊和一個普通肉體人處於這個地方所獲得的訊息量是沒有區別的，甚至更加詳細。並且可以把與這個虛擬人有關的各種資訊匯總給這個虛擬人。

現在你看到的虛擬人，可以搬運物體，其實是把要搬運物體的信號發送給全球運動網，借助全球運動網的搬運功能來實現的。

「在我們果克星球上，百分之90都是虛擬人。」蘇代爾的話讓我有些吃驚。

「虛擬人是現實的失敗者，現實世界待厭煩了，不適應了，都躲在虛擬世界中」，微麗說，「其實，我們果克星球每一個人都有真實的身體，又有存在於網路中虛擬身份，就看你的喜好了，你願意以虛擬人身份出現，你就是虛擬人，你願意以真實肉體身體出現，你就是普通人。」

微麗的話更加讓我吃驚。

「在果克星球上，人人都具有虛擬人和真實身體的兩種身份，甚至特殊的情況下一個人具有幾個身體和幾個虛擬人身份。你的身體不局限於人的身體，你可以是一個飛船，一個魚，一個城堡——當然，這些魚、城堡、飛船是可以高度智慧化，可以接受人的意識資訊的，可以和人交流，簡單講這些東西是是活的，不是死的。」

諾頓說，

「一般情況下，我們把那些長期不願意以真實肉體出現的人才叫虛擬人。」

後來，我回到微麗的住處，我仍然纏著她沒完沒了的問虛擬人的情況，因為我對這個是太好奇了。

微麗今天好像很有耐心，詳細的給我講解虛擬人的各種情況。

最後，她在空中用手劃了一下，一股煙霧在我身邊升起，煙霧上出現許多畫面，微麗利用虛擬影像給我當起了老師。

「是不是每一個虛擬人都有一個備用的身體，一旦這個虛擬人想恢復真實身體，就拿出一個備用身體，把這個虛擬人的意識資訊安裝到這個身體上？」我問道。

「啊，對的。是這樣的。」微麗回答。

「那這些備用身體都放在哪兒？」

「你看，」微麗指著虛擬螢幕，我看到了許多半透明罐子樣的容器，裝滿了液體，裡面都一個處於休眠的赤身裸體的人。

我看到一些女性嬌美的身軀，心裡一激靈，臉上不自然的顯露出來了，微麗似乎看出來了，臉上露出奇怪的神情。

「是不是一個虛擬人就需要一個備用身體？」

「不需要這麼多的，每天要求恢復真實身體的虛擬人其實是很少的。」微麗回答。

「我既要以虛擬人出現，又要肉體人出現，這個可以嗎？」

「這樣會產生兩個『我』存在，給你帶來精神痛苦和思想混亂，沒有人想找這個麻煩。」微麗回答我。

後來，她被我沒完沒了的問厭煩了，不願意回答我的問題了，說給我一個遊戲程式，讓我自己去體驗虛擬人的感受。

微麗在虛擬電腦上操作一翻，叫我躺在床上。

馬上，我感覺自己到了一個奇異的世界，周圍的景物好像的都是人畫的，天空中飄著許多果克星文字。

我飄然地走在路上，有一個畫外音問：「你要去哪兒，你需要伴侶嗎？請你選擇。」

我看到路邊5個美女，個個興奮向我招手，都非常漂亮，要是地球上，這些美女我都不敢直視，一個是太漂亮，一個是我有自卑感，因為我長期處於社會的下層，不自覺地默認了一個事實：美女都是瞧不起我們這些鄉下貧窮少年的。

現在居然可以給我選擇，我很開心，選中其中一個，哎，怎麼湊近仔細地看起來像微麗啊？我是偏好這種類型的美女？我想換一個，其餘4個已經失望而消失了。

後我又選擇了幾個寵物，這些寵物時刻漂浮在我的頭上、身邊，隨我一同旅遊。

不斷的有畫外音提示我做出選擇，可是我沒有經驗，有時候的選擇在錯誤的，又繞回到原地，只好重新再來，有時候的選擇是胡亂的。

好在我們總算是上路了。果然體現了許多不可思議的感覺，可以一下地躍到山上，可以慢慢地穿牆而過，可以漂浮在空中，可以快速地翱翔在空中，可以感覺自己的身體如同柔軟的絲綢那樣飄蕩。也可以想到什麼地方就到什麼地方。

後來，我在不同的場合下，多次玩這種虛擬人遊戲，體驗了虛擬人的各種美妙的感覺。

他們首先用場掃描讓我處於失重狀態，我們地球上訓練宇航員，類比失重狀態，是在水裡進行的。

為什麼要使人處於失重狀態？因為生活在電腦和網路中的絕大部分虛擬人，是沒有重力的感覺的，除非有意地設置重力感覺。

消除人的重力感覺，不光是使我接近電腦網路中虛擬人的感覺，而且，還可以抑制人的自我意識對現實的認識。

他們首先切斷我和現實世界的資訊聯繫，使我感覺不到現實世界中的重力、時間、空間、色彩、溫度、聲音、氣味等，不受這些因素的影響。

當人完全的感覺不到周圍環境、現實世界，也忘記了現實世界，才可以更好的、完全的體驗電腦和網路的虛擬世界，感覺自己就真正的生活在虛擬世界裡。

當你變成虛擬人，變成生活在果克星人的電腦和網路中的虛擬人，首先和肉體人一樣感覺很清醒，完全不是大家想像的那樣處於昏睡或者半夢半醒的狀態中。

變成虛擬人，首先感覺天地的顏色和現實世界是不同的，朦朦朧朧的，而且顏色變化無常。天和地的區分不是很明顯，有時候，覺得大地在頭頂上，宇宙空間在腳下。有時候覺得頭頂上是大地，腳下也是大地，宇宙空間只是存在於兩個大地之間那麼狹窄的一線。大部分時間感覺不到有固定的場所，周圍一切的景物都是在變化，包括顏色總是在變化。很多地方有一種基礎色調，比如，你到了一個地方，感覺所有景物似乎另外再噴上一層紅色，都偏紅色，到了另一個地方，所有的景物都偏紫色，有的地方偏雪青色。

虛擬人可以同時出現在不同的地方，可以從不同的角度看著自己的身體。

虛擬人時間觀和肉體人不一樣，難以感覺到時間的流逝，不能熟悉事情的先後，感覺時光倒流也是司空見慣的事情，不久前發生的事情，現在又重複了。

分不清楚上下、東南西北，不能熟悉剛剛待過的環境，幾乎不存在熟悉的場景，時空錯亂感覺非常的明顯。

感覺人物和景物都是在三維空間中隨意分佈，有的景物朝上，有的朝下，有的傾斜著。海底和天空，漂浮著許多人和景物。不像我們現實世界中，都集中分佈在地面。人物和景物的大小，也是隨意的變化。本來靜止的景物，後又運動起來，本來運動的景物，一會兒又靜止下來。

很多運動都是飄然而至，看起來很遠的人，會突然飄到你眼前。你走了很遠的路程，最後，發現又回到了起點。用眼睛去分辨周圍人和環境，甚至不如用心去想來得準確。

虛擬人感覺不到自己身體的重量，時刻感覺自己身體很輕盈，像一團棉絮，有想飛就能夠飛的感覺，可以隨意的站在空間的任何位置。

虛擬人膽子大，因為不擔心和物體碰撞給自己帶來傷痛，不擔心受到攻擊和殺戮。一開始，當有人舉刀砍向你，你的確感到害怕，當刀子從你身體裡劃過，你沒有什麼痛苦，甚至有有些快感。

逐漸地，你的膽子越來越大，無論在現實世界中看起來是多麼的危險的事情，你都不感到恐懼。只是對於一些怪異的生物和場景，才仍然感到害怕。

作為虛擬人可以想到什麼地方就到什麼地方去，可以快速地翱翔在空中，可以感覺自己的身體如同柔軟的毛絨那樣飄蕩，也可以分裂成許多絲狀，發散成許多塵埃狀等。

虛擬人感覺不到高溫和嚴寒，火山和冰山，無論怎麼險惡的環境，他們都是隨意地出入，可以毫不猶豫地跳下懸崖，可以一下地躍到火山裡，可以慢慢地穿牆而過，可以輕易地到地球內部去旅行。

兩個虛擬人擁抱的時候，可以輕易地融入到對方的身體裡。

虛擬人感覺自己的身體有極度的自由感。有時候感到自己和別人的身體，可以隨意的變形，變成了碎塊、流體、氣霧等。身體也可以看起來是固體，可以迅速的變成液體，也可以迅速的變成氣體，感覺身體固體、液體、氣體隨意切換。

虛擬人玩遊戲，可以隨時加入到遊戲中去，可以成為遊戲中一個角色。

虛擬人不受白天、黑夜的限制，幾乎沒有白天、黑夜的概念，不需要通過睡覺來休息。

也沒有空間距離、沒有物體阻擋、沒有障礙的概念，任何物體都阻擋不了他們，他們想進去就進去，想出來就出來。虛擬人從一個地方運動到另一個地方，極為容易和隨意。

再遠的地方，想去的話，可以立即就到了。

虛擬人也存在幸福感和快感，具有異性戀和同性戀。

他們的虛擬人也分男女、中性人，相互之間可以交流，建立感情，也可以建立戀愛關係，也可以和普通肉體人交流，建立感情或者戀愛關係，甚至可以通過資訊泥組和肉體發生特殊的性愛關係。

虛擬人也存在幸福感和快感，但是，虛擬人存在著精神上的痛苦。

虛擬人不能自殺，也是不能殺死另一個虛擬人。普通人想殺死虛擬人，你攻擊虛擬人的影像身體是沒有用處的，你只能找到虛擬人存在的網路和電腦，毀掉數位，才可以殺死他／她。

他們的光線虛擬人，一般情況下，你摸起來如同摸空氣，但是，光線虛擬人可以利用全球運動網，在自己的外表建立力場，使你摸起來，具有真實物體的觸感，並且，可以讓你摸起來有不同的感覺。

時空冰箱：探索果克星球的時空奧秘

有一次，我在微麗家吃東西，剩下了一些食物。我說：「在我們地球上可以放冰箱裡儲存，我們農村人窮，沒有冰箱，我在電影裡看到城市裡人家都有冰箱。

喂，微麗，我好像沒有看到你們果克星球有冰箱哎。噢，我明白了，你們科技發達，有瞬移設備，無需冷藏食品，不需要冰箱的，是吧？」

微麗說：「我們也有冰箱的，一般都很巨大，很少放置食品，我們的冰箱用處和你們地球上不太一樣。」

「噢，我有些明白，由於你們的瞬移技術太發達、太方便，你們放一個巨型冰箱，像一個公共倉庫一樣，大家都把東西存放在那兒，需要東西的時候，通過全球運動網的瞬移技術，很方便拿到，和放在家裡同樣方便。這樣可以省電，節省空間，是吧？」

「嗯，不完全是這樣的。」微麗說，

「我們果克星球人身體所需要的營養一般都是通過瞬移技術在電腦程式控制下，直接進入我們身體裡，平時不需要食物，也就不需要冰箱的，我們的冰箱主要是用在工業生產和科學研究中。」

微麗說著，用手在空中劃了一下，全球運動網和全球資訊網的遠端輸送資訊技術，在微麗的身邊立即製造了一個三維立體虛擬影像。

微麗打開了全球資訊網，資訊網上出現了許多果克星球的巨型冰箱，外表看如同房屋、大樓，上面都標有果克星球的文字。

微麗繼續和我講解：

「我們的冰箱不像你們地球上那樣使用低溫冷凍，我們是使時間凝固的方法。我們的做法是用人工場對時空冰箱內部空間照射，使這一處空間中的時間不一樣，時間好像被凝固了，食品被放在這裡過了一分鐘，外面時間可能過了幾年了、甚至好幾千年了、好幾萬年。我們這種冰箱可以叫時空冰箱。比如，在我們的時空冰箱裡，放一個你們地球上的雪糕，關上這個時空冰箱的門，冰箱裡面的溫度雖然和外面是一樣的，但是，我們在外面過了一年，時空冰箱裡面過的時間一秒鐘都不到，所以，我們把雪糕放進時空冰箱去，一年過後再去取出來，雪糕仍然和剛剛放進去的時候幾乎沒有區別。」

「啊！啊！你們的時空冰箱很神奇，出乎我的意料，沒有想到會是這樣的，假如我人進去了，待呆一會兒，出來，外面可能過了幾千年，甚至上萬年了，是吧？」

「是的，你們地球上的冰箱，你前哥鑽進去，可能會凍死，我們的時空冰箱假如放到你們地球上，你前哥鑽進去待一會兒，雖然不會被凍死，等你一出來，你的父母、鄰居統統不在了，都過了好幾千年了，你前哥馬上就變成文物了，古董了，許多人都圍著你看，你就像博物館、動物園裡的大明星了。」

微麗臉上露出古怪的笑。

「那反過來行不行啊？我待在時空冰箱裡過了一年，外面只有幾個小時候。」

「這個完全可以的，我們的時空冰箱有調節檔位大小的，有時空轉換開關。調節檔位的有什麼作用呢？就是把檔位打在低檔，你到時空冰箱裡待一分鐘，外面可能一年，打到高檔，你在時空冰箱裡待一分鐘，外面可能過了幾千年了。

如果你在按一下時空轉換開關，選擇了時空轉換開關上的「負」，就顛倒過來了，時空冰箱就變成了裡面的時間流得快，外面的時間流得慢。」

「那，時空冰箱能不能使時間倒流？」我好奇的問，「我想回到古代行不行啊？」

「這個是不行的！」微麗很肯定地說：

「時間流逝的快慢，是通過兩個不同地方的比較，我們說一個地方的時間比另一個地方的時間流逝得快，是通過比較出來的，同一個地方怎麼比較？你說自己比自己身體高怎麼說得通？你說你的身體比我的身體高，這個可以說得通。時間是不可能倒流的，時空冰箱也不可能使時間倒流的。」

微麗的話我似乎有些明白。

「那時間到底是什麼東西？」

「時間只是我們人對周圍空間以光速向四周發散運動給我們的一種感受，沒有人，就沒有時間。關於時間是什麼的問題，我只是知道這麼多了，你想詳細了解，要問蘇代爾他們。」微麗的回答我似懂非懂。

微麗建議我們去參觀一處果克生物研究所的一些巨型時空冰箱，我同意後，微麗又在全球資訊網上聯繫了這個生物研究所的一個負責人，告訴他有地球人來他們研究所參觀。

「諾頓是我們果克星球大名鼎鼎的生物學家，我們邀請他一起去，好嗎？」微麗徵求我的意見。

「好的！」我欣然同意。

微麗請求全球運動網，我們剎那間瞬移到了一個巨大房屋前面，看到諾頓站在門前等候我們。

我們三個人走這個生物研究所，裡面的人對諾頓非常尊重的樣子，微麗貼在我的耳邊小聲地說他們受諾頓的領導。

裡面一個負責人迎接我們，這個人看起來是一個男性，個頭大概一公尺高，長得和諾頓差不多，唯一特殊的是頭髮有許多看似柔軟的黑色細管子構成，很長，披在後面肩上。

微麗說他的名字叫「文太」（發音），文太帶著我們參觀他們的生物研究所，文太不停地說，努力給我介紹，資訊網客服可溫有時候一句話翻譯沒有完就翻譯下一句，可能是文太說得太快了，實際上我對生物研究所裡面稀奇古怪的設備只是隨便看看，並不想徹底去了解。

後來我看到了一排整齊的許多類似玻璃的容器裡，裡面充滿著微微有些黃色的透明液體，液體裡泡著各種各樣赤身裸體的人體，這些人體大小不一，有的很巨大，有4、5公尺高的樣子，有的很小，只有幾10公分高。

我也看到有的人很像地球人，看到一個類似地球人的女性身體，非常豐滿巨大，巨碩的乳房，水桶粗的大腿，2公尺高的樣子，很性感，很撩人，背後肛門有管子連在外面。這些人體在裡面都是似睡非睡的不清醒的樣子，都有管子連通道身體裡。

看我的表情出現怪異，微麗用手掌在我身上擊了一下，嘴裡冒出一句：「靠嗯！」什麼意思？資訊網客服可溫沒有給我翻譯，我想大概是果克星球人罵人的髒話吧。

文太給我介紹說，「這些人體都是果克人的備用身體，比如，有些果克人要到地球上執行任務，為了掩人耳目，有時候會選擇一個和地球人差不多的身體，這些容器裡的人體都沒有自主意識。

我們通過場掃描技術，把一個果克人的意識掃描下來，安裝在這個容器裡類似的地球人身體上，再把這個果克人的身體放到容器裡儲存起來。

這樣，一個果克人可以帶著你們地球人身體到你們地球上執行考察任務了。考察任務結束回來後，再把類似地球人身體放入容器裡，再把意識資訊安裝到容器裡的果克人頭腦中，這個果克人又以正常身體、正常思想意識回到果克星球上生活。」

「那這些人身後都通一個管子幹什麼？」我對這個很好奇的。

「這個是一種迴圈裝置，不只是給這些人體提供營養，把某些排泄物帶走，還需要其他物質的迴圈。其實，這種提供營養、帶走排泄物大部分工作是全球運動網完成的，不只是這種循環系統單獨完成的。

這些容器是巨大的時空冰箱，我們在外面過一年，裡面待著的人體可能只有過幾秒鐘就時間。」諾頓說。

「為什麼不是我們過一千年，裡面只有過幾秒鐘時間？這樣裡面的人可能就不需要營養物質了？」我繼續問道。

「這是因為，時空冰箱裡面和外面維持的時間差越大，需要的能量也就越多，而且設備也要更巨大，系統更加地不穩定。」諾頓給我解釋。

後來我們又看到更加巨大的時空冰箱，不是透明的，邊上有三維的虛擬螢幕，我們通過虛擬螢幕看到裡面的景象。

我只是看到畫面好像是人的生活場景，只是飛快地在變化，看不到個所以然。

文太說，「這個時空冰箱，裡面的時間比我們過得快，現在你看到的畫面，都是經過處理的，實際上這裡面的人的生活過得更快，他們生活在超高能量場中，他們在裡面生活一萬年，我們可能只有幾個小時。」

「這樣做的目的是什麼？」我好奇的問。

「主要是觀察生物自然進化過程，比如一些病毒經過一萬年的演化，會是什麼樣子。一些人經過一萬年的進化，身體結構可能更加的合理，為我們製造人體提供參考，我們經常到你們地球上，也是考察你們地球上人體的結構資訊的。我們的人體都是自己製造的，這個你可能知道吧。

還有，我們的電腦也經常用到時空冰箱，本來需要一萬年才得到的運算結果，把電腦放到時空冰箱裡，我們只要等待幾分鐘時間。」

諾頓回答道，

「對於某些病毒、細菌，以及其他的一些生物，放在這種時空冰箱裡，觀察他們的生活、進化過程，對我們果克星球的生物研究有著巨大作用。」

「這裡面的儲存人體容器很少的，數量不多，在我們果克星球的人體複製工廠，有許多儲存人體的容器，比這裡要多幾萬倍的。」文太說。

「這裡主要是實驗用的，前哥，以後帶你去果克人體複製工廠參觀，那裡的規模特別巨大，會讓你大開眼界的。」微麗挽著我的手。很神氣的說，

「我們回去吧？這裡真的沒有什麼好看的，藥水瓶泡著幾個人體而已。」

參觀果克星球的人體複製工廠：身體及意識的關係

有一天，微麗說，

「前哥，上次，我說帶你去參觀我們果克星球上的人體複製工廠，諾頓通過全球資訊網發資訊給我，說有事情要到果克星球的人體複製工廠去，希望帶你一起去，我們一起去參觀人體複製工廠，好嗎？」

「好的，我同意。」

微麗立即用手按住耳部，通過大腦和全球資訊網的連結，發消息給諾頓他們，很快，諾頓和蘇代爾通過全球運動網立即出現在微麗家的虛擬沙發上。

「我們馬上要去果克星球的人體複製工廠，你前哥和我們一起去，可以嗎？」諾頓問我。

「可以的，現在就去嗎？」我問。

「要等一會兒，人體複製工廠的一個負責人叫『加朋（讀音）』，他還沒有到，等他到了人體複製工廠，發資訊給我們，我們再去。」諾頓回答。

「人體複製工廠是造什麼的？是不是複製人體模特，用什麼材料複製人體？用塑膠複製嗎？」我好奇的問。

「謔謔！你頭腦是怎麼想的？」蘇代爾大笑，「果克星球人體複製工廠是我們全球最大的、最重要的工廠，是專門複製活人身體的。」

「你們地球人想長生不老，就想著吃什麼長生不老的藥，可是宇宙中根本就沒有這種藥。我們果克人身體老了，不行了，就換一個年輕人的身體，保留人的思想意識。這樣，我們果克人就可以長生不老，永遠年輕！」微麗有些得意的說。

「那，你們換一個身體後，這個人還是你嗎？」我覺得微麗的話不靠譜。

「肯定是啊！」諾頓說，「人與人之間的區別主要是思想意識，身體是次要的。

我們果克星人把人看成是兩部分組成，一部分是人的思想意識，一部分是人的身體。人的思想意識的就是人大腦中帶電粒子的運動形式，本質上屬於資訊。

人的身體如同你們地球上的電腦的硬體，像顯示器、主機、鍵盤、滑鼠、答錄機的磁帶……，思想意識像電腦的軟體、程式，如同磁帶裡面錄製的內容。

當一個人身體老了，或者生了嚴重的疾病，我們用人工場掃描掃描這個人的大腦，把人的思想意識拷貝下來，用數位來表示人的思想意識資訊，然後儲存在電子電腦內。

我們再用人工製造一個沒有自主意識的人出來，再把這個儲存在電腦裡的人的思想意識數位安裝到這個人工造出的人大腦中。

最後，把這個老人原來的身體無害化處理，這樣人的老年身體變成了年輕人的身體，而思想意識被完整保留下來。人就像睡了一覺醒來，發現自己的本來的老年人身體變成了年輕人身體，所有的記憶都在。

當這個人工造出的人身體老了，再重來一次。反覆這麼做，我們的人就可以永遠長生不老了。我們果克星球的人體複製工廠就是做這個事情的。」

「前哥，你聽明白了嗎？」微麗問。

「噢，我明白了，這個道理就如同我們地球人修自行車內胎，內胎在一般情況下是修修補補，嚴重了我們就不補了，換一條新的。你們就是人老了，或者生了嚴重的疾病，乾脆不治了，換一個新的身體，不過，原來思想意識還保留下來，是這樣嗎？」

「啊，是這樣的。」微麗回答。

這個時候，諾頓用手按住耳朵，可能接受到了全球資訊網的資訊，對我們說，「加朋到了人體複製工廠，我們走吧。」

通過全球運動網，微麗、蘇代爾、諾頓和我剎那間到了果克人體複製工廠。

人體複製工廠非常高大、巨大，一眼望不到邊，大門上面有一排巨大的虛擬文字。

「啊！好氣派啊。」我非常感歎。

「人體複製工廠有許多大門，這個只是其中之一。」蘇代爾不以為然。

大門只是一個通道，到了裡面，仍然有許多巨大房屋，也有虛擬房屋。我們坐上了一個敞篷車，這個車子在地面2公尺高左右，可以無聲無息地甩尾。

人體複製工廠非常漂亮，各種稀奇古怪的植物，姹紫嫣紅的花朵。很多三維立體虛擬影像，每個房屋前都有虛擬的果克文字。

在一個房子前，諾頓下了車，會見加朋去了，我們繼續參觀。

我們轉了很多地方，「啊，人體複製工廠實在是太大了！」我發出感慨。

「你看到的，百分之一都不到。」蘇代爾不以為然。

「人體複製工廠還有地下部分。」微麗說。

我們這外面轉了很長時間，走到一個特別巨大房子裡面，裡面有來回走動的人，但是人不多。蘇代爾說諾頓就在裡面，我們下了飄浮車，走進去，果然看到了諾頓和加朋。

加朋個子也是一公尺高左右，體格看上去很健壯。加朋很友好，拉著我的手不放，

「歡迎來自地球的前哥！額，前哥個頭很大啊，看上去很有力量啊，我來看看你身體有多重。」

加朋從我身後抱起我，「是的，身體很重的。」

「我來給前哥介紹我們人體複製工廠。」

加朋很賣力的向我介紹我們看到人體複製工廠裡各種設備和功能。他的肢體語言很豐富，一邊說，一邊比劃著各種動作和手勢。

我沒有什麼心思聽，一心盼望還能再次見到上次參觀的果克生物研究所裡面黃色液體泡著的巨大豐滿的，赤裸的、誘人的女人身體。

終於在人體複製工廠的地下部分，我們見到了泡在淡黃色液體裡人的裸體身體，身體上都有一個管子連接在外部。一排排容器裡，每一個都泡著一個人體。雖然數量很多，但是，每一個人體身高、體型都差不多，都在一公尺左右，不像果克生物研究所那樣有千奇百怪的人的身體。

「這些都是我們果克星球上的備用人體，一旦有人需要更換身體，我們就從這個裡面調出一個人體來。」加朋對我說，

「你看到他們都有一個管子連在外面，這個是為了給備用人體提供營養和帶走排泄物的。」

「為什麼不像你們一樣，用全球運動網的瞬移技術把營養提供給這些備用人體呢？」

「大部分的營養和排泄物是全球運動網的瞬移技術完成的，這些管子是提供循環系統的一部分，我們要設計一種循環系統，來維持生命的運轉。不能完全依賴全球運動網提供營養和帶走排泄物。因為這樣可能喚醒這些備用人體的自主意識，這些備用人體如同植物那樣，思想意識如同一張白紙，你明白嗎？」

加朋給我解釋。

「為什麼備用人體的體型都是差不到，為什麼不搞一些體型特別高大或者特別小的備用人體？這樣可能會讓一些人更加喜歡的。」我的問題仍然很多。

「一個是為了製造備用人體的方便，就像你們地球上，造一個產品，都是同樣尺寸的，製造方便而且品質可靠一些，製造不同尺寸的產品，要麻煩一些。當然，這個也有我們果克星人的傳統習慣。你看到的這種體型，是經過我們長期反復反覆研究、實踐得出的結果，是最佳體型，適合我們果克星球的重力環境和其他物理、化學環境。

在人的生活中，運動、性愛、抵抗疾病等等方面，這種體型都是最佳的。

還有很重要的原因，是防止人體體型差異過大，體型大的人可能傷害體型小的人。我們果克星球沒有德道和法律約束人，性愛有時候是很暴力、粗野，我們不用法律和德道約束人，從製造源頭控制人體型差異過大，是一個正確的選擇。

這個是在我們果克星系的主星上，製造人的身體，身體的規格控制得很嚴格，在主星附近的其他星球上，人的身體的差異很大的，各種怪異的身體都有。」

我問微麗，

「你們果克星球這樣的備用人體有多少？」

「有幾百萬吧？」微麗回答。

「人體複製工廠，你們果克星球有多少、」

「就一個，」加朋說，「人體複製是我們果克星球上最重要的事情，不是隨便玩的。」

「在我們地球上，人到了18歲，是人一生中最黃金時段，你們果克人要培養一個備用人體，需要18年？」

「我們有時空冰箱的，可以加快時間，不需要這麼長時間的。」諾頓回答。

「時空冰箱，前哥你知道什麼意思嗎？」加朋想給我解釋。

「在上次我參觀果克生物研究所，我已經有所瞭解。」

我們繼續的走動參觀，突然我又想到了一個問題，「你們一個果克老人，到了你們人體複製工廠，換了一個年輕人的身體，這個老人的身體如果不處理，是不是會出現兩個『我』，如果處理的話是怎麼處理的？」

「不處理肯定有兩個『我』的。」加朋回答很簡單，「都是無害化處理。」

我仍然不太明白，「什麼叫無害化處理？」

「就是先把你殺掉，然後再把你燒掉！謔謔謔，」蘇代爾上身抖動著大笑。

「蘇代爾，你頭腦中要儲存一些溫心的詞句，你嚇人的詞句太多了。」微麗譴責蘇代爾的話。

「你們能不能把我這個地球人也複製一個人體？」

「你是地球人，我們沒有這個程式，要開發這個程式，需要很長時間的，另外，我們果克星球的法規雖然不約束個人，但是，對組織和人工智慧、各種演算法有很強的約束，不允許人體複製工廠隨便複製外星球人體的。

我們這是人體工廠，不是人體研究機構，如果是研究機構，在某些可以約束、控制的情況下，是允許的。」

加朋明確地回答我。

「你們不能把我前哥複製一個，我有理由懷疑，宇宙中不可能有兩個我存在，你們複製的人體，不能夠算是原來的人。

人到了你們人體複製工廠，實際上是被你們殺掉了，燒掉了，然後，隨便弄一個人出來，就說：複製人體成功啦！」

「你的話令我憤怒！」加朋沖上來，做出要攻擊我的架勢，剛要碰到我身體的時候突然又猛的停下來，說：

「我有一個程式，你可以體驗一下兩個我是什麼感受。」

加朋帶我們走入一個不大的房間裡，加朋打開了全球資訊網的虛擬螢幕，進入全球資訊網，加朋操作了一番，一個頭盔樣的東西突然出現在桌子上，加朋叫我戴在頭上。

我果然體現了一個不可思議的場景，我一會兒出現在房子裡，和加朋、諾頓、微麗、蘇代爾站在一起交談，一會兒突然又出現在房子外面，看著另一個我和加朋、諾頓、微麗、蘇代爾站在一起交談。

我卸下了頭盔說，

「啊！很神奇啊，的確感受到了兩個我的存在，我現在相信了你們人體複製工廠是真實可靠的。我還有一個問題，你們果克人是怎麼選擇備用人體的？」

「我們人體複製工廠，所有的備用人體一種來自於天然繁殖，大部分是純人工製造。一旦培養成熟，都會及時的在全球資訊網上公佈，果克人一般都是通過全球資訊網搜索，來發現自己喜歡的人體。也有在允許的範圍內訂制自己想像設計的、喜歡的人體，有時候還邀請好友為自己的選擇做出參考。」加朋回答。

「哈哈，像我們地球人買衣服啊。我現在是個男人，我想選擇一個女性備用人體可以嗎？」

「身體和意識嚴重不匹配，會給人帶來巨大痛苦，一般情況下是不允許的。人體複製工廠是不滿足人的這種想法。」諾頓回答道。

「雖然你們果克人體複製技術非常高超，但是，我發現一個很嚴重問題，你們果克人一旦遇到意外，比如失足掉到山下摔死，你們來不及複製人體，不就玩完了？」

「這個？」諾頓回答，

「我們死的概念和我們是不一樣的，比如一個果克宇航員到你們地球上去考察，出發之前，意識和記憶被儲存在電腦中，如果這個果克人在地球考察不幸遇難，我們會迅速的把宇航員的意識安裝到備用人體上，讓這個宇航員復活。

這個宇航員和別人談話時候，會遺憾地說，我到地球旅行的那一段記憶死了。我們果克人的意識都有備份的，死的只是一段記憶和意識的部分丟失而已，而不是全部。

如果是在我們果克星球上，全球運動網和全球資訊網會時刻跟蹤每一個人，不停頓的記錄每一個人的思想意識，可以保證每一個人任何時間段的思想意識資訊一點兒都不會丟失。」

「你們果克星球上，複製人體，可以修改人的思想意識嗎？」

「我們有許多龐大的生物研究所，果克星人置換人體，一代比一代強壯，人體的結構一代比一代更優美、更合理、更趨於完善。我們經常參觀別的星球的上人體結構，目的也就是做出更好的備用人體為我們果克人服務。」諾頓回答：

「但是，在人體複製工廠裡，是不對人的意識改動，尊重人的思想和本來意識，因為這裡是工廠。除非在某些生物研究所裡，有特殊合理的需要，在可以控制、監督的情況下，才可以部分的改動某些特殊人的意識，比如有精神痛苦傾向的人。

我們早期剛發明人工場掃描，能夠掃描拷貝人大腦意識，儲存在電腦裡，那時候，由於儲存在電腦裡的思想意識很容易修改，我們頻繁的修改，帶來的巨大的副作用，後來，我們提出了『人的原始根代碼』概念。在某些情況下，人的思想意識、記憶數位可以恢復到剛開始記錄時候的資訊。」

「你們掃描記錄一個人的思想意識，大約需要多長時間？」我問。

「這個很快的，我們的技術剛開始的時候，按照你們地球上時間，大約需要6、7分鐘就可以了，現在一秒鐘都不需要。」諾頓回答我。

「如果我定製了一個人體，在換之前，是不是要通知親戚朋友，否則他們可能會認不出我來，有沒有這種可能？」我問道。

「當然，有這種可能，不過，你只要通知你的朋友，我們果克星人沒有親戚，沒有父母和兄弟姐妹，我們身體老了，就換一個年輕人身體，就這麼一直換下去，我們的身體是我們自己製造的，哪裡來的親戚？」加朋的話提醒了我。

「你們果克星球複製人體需要給錢嗎？需要費用嗎？」

「這個是不需要錢的。你們地球人什麼都錢錢錢的。」蘇代爾帶著一些嘲笑，

「這個要錢的話，如果有人拿不出這個錢，會是怎麼去想，這樣可能會引起社會劇烈動盪的。」

諾頓回答道，「至少在我們果克星球上，人體複製是不需要錢的。」

參觀結束了，我發出感慨，「我們地球上，長生不老是地球人幾千年的夢想，人體複製也不知道要等上幾百年還是幾千年？」

「一個是信心問題，如果你們地球上的人有這個信心，而且要明白人的核心是思想意識，而思想意識只是人頭腦中帶電粒子的運動形式，屬於資訊。再加上你們地球人掌握了人工場掃描技術，只要幾十年就可以做到。」加朋回答道，

「不過，最關鍵是你們地球人要知道場的本質是什麼，只有掌握了場的本質，才可以用場這種宇宙中無形物質去深入人大腦內部記錄人的意識資訊，除了場，別的物質深入到人的腦部，會破壞人的腦部組織。

比如，你們地球人掌握的光子、電磁波、超聲波、X光深入人腦內部，都會破壞人的大腦，結果把人搞死，人都死了，還記錄什麼？

除了記錄人腦部意識資訊需要人工場，把人的意識安裝到一個備用人體頭腦中，也需要人工場掃描呢，別的代替不了。

你們地球上要首先破譯場的本質，然後開發出一種人工場掃描技術，人工場在電腦程式的操控下，

可以叫人工資訊場，深入人腦的內部掃描記錄人的意識。把意識安裝到備用人體頭腦中，使用的都是人工資訊場。

在這個過程中，設計人工場掃描控制軟體的，肯定要許多天才數學家參與。」

「認識問題的方向也很重要，」諾頓說，

「人的核心是思想意識，思想意識是人腦部帶電粒子的運動形式，本質上屬於資訊。思想意識活動可以對周圍空間產生擾動，使空間具有波動性，這個是空間本身的波動，波動的速度就是光速，記錄空間中波動形式和記錄人大腦中帶電粒子運動形式，同樣重要。

身體只是思想意識的一個載體，是次要的。你們地球上認為人身體是最重要的，意識是次要的，所以老是在身體上做文章，想發明什麼藥物來使身體永遠年輕，想冷凍來保存人的身體，從而達到長生不老的目的，這個是不可能成功的。你們地球人如果方向錯了，不會成功的。」

蘇代爾毫不客氣的這樣評價我們地球人。

「前哥，你們地球人花錢最多的是買毒品和煙酒，第二多的是買軍火來殺人。你們地球人認為一心搞科學研究的人是傻子和瘋子。我推測，你們地球人以後的科學不是在發展，而是在倒退，因為你們以前的科學家都死了，現在沒有科學家，你們把四肢發達沒有腦子的技術人員當作科學家。

你們除了打仗鬥爭，就是去壓迫、欺負、欺騙同類，多年後，你們就會退到原始社會，你們和一群猴子沒有區別。人體複製的技術，與你們地球人是沒有關係的，你們不是做到做不到的問題，而是永遠都不會想到有人體複製這個事情。

總之，我不看好前哥回到地球能夠又多大作用，前哥回去這麼一說，大家肯定認為他是神經病。

地球人還有一個特點，一部分人在做事情，總有另一部分人在破壞。」

諾頓說，

「我也不看好前哥回去能夠在長生不老方面發揮作用，長生不老這個技術是不容易的，主要是地球人習慣思維很強大，思想保守，自己束縛自己，如果你前哥回去宣傳，你們地球人相信的你的話，放手去做，只要掌握了人工場掃描這個工具，按照他們地球時間，幾十年後就可以成功的。

因為只要完成了人工場掃描記錄人的思想意識這一步，人的長生不老就成為現實。人的思想意識儲存在人大腦裡，身體的死亡、腐爛，導致思想意識丟失，儲存在電腦裡，電腦很容易維護，就不存在這種情況，剩下來的就是等待，可以慢慢地等待。」

果克星球的新型人種：未來的希望

參觀了果克星球的人體複製工廠後不久，諾頓、蘇代爾、微麗又帶我參觀了果克星球的一個新型人種研究中心。

果克星人由於可以自己製造自己的身體，他們的人在不斷地嘗試研發許多新型的、稀奇古怪的人種，他們從別的星球綁架人來，也可以為他們研究新型人種提供參考。

他們由於可以把人的思想意識從人大腦裡掃描拷貝出來，安裝到另一個身體上，一個人想換新型人種的身體來生活、體驗，是很容易做到的。

在這個中心，好像是在一個巨大的房屋裡，天上可能被什麼東西覆蓋著，由於太高，無法看清楚。

我在這裡見到了許多稀奇古怪的、匪夷所思的人種。

其中一個黑得發亮的金屬人，皮膚的溫度更低，身體彈性也很大，身體很重。

有的金屬人種，身體內部的感覺像是許多微小的針在刺你，有的具有微微的電流。

我看到了很多種金屬人種，有銀白色的、鉛灰色，有的像水銀那樣的外表，有的只是皮膚像金屬，觸摸肉體不是金屬感覺。

有很多人種，身體部分皮膚是金屬模樣，金屬皮膚和肉體皮膚過渡得很自然。

這裡有很多人種眼睛和臉平著，沒有凹陷下去，黑眼珠像是英文大寫字母H，看人的時候，黑色條紋上下、左右移動，給人很壓抑、恐怖的感覺。

我還看到了幾個皮膚碧綠的精瘦的女人，在練習跳高。她們跳高的能力是極為驚人的，蹲在地上，像青蛙那樣，迅速跳起來，可以跳起到自己身高十幾倍的高度。

諾頓上前和她們交談了幾句話，其中一個人像拳擊手接受挑戰那樣氣勢洶洶地向我走來。

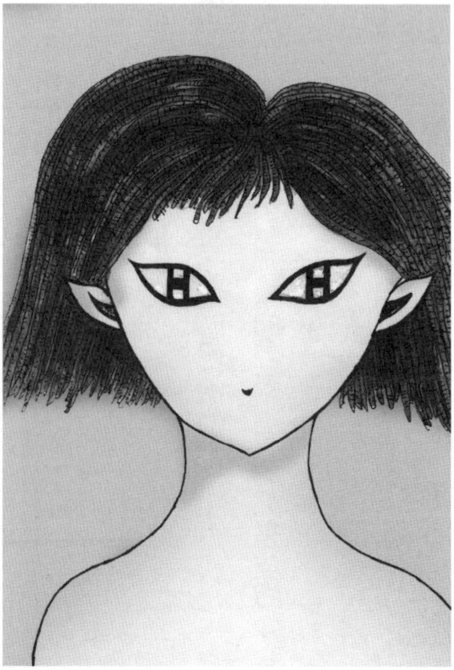

果克星球的新型人種，作者手繪

她走進我，我才看清楚，她大約一公尺高的個子，赤裸著全身，身體前面是淡綠色的，後背是很深的碧綠色，比青蛙的顏色還要深，胳膊窩和陰部的地方是很淡的綠色，接近於白色。身上不同顏色是逐漸過渡的，過渡得很自然。

她渾身極度光滑發亮，像是精心打磨的一塊碧玉。整個人極度精瘦，除了頭部，全身最粗的地方，不超過我的手臂。極度纖細的腰，細而長的雙乳，陰部的縫隙匿藏在兩腿之間，站立的時候，完全看不到。

我們多次去果克新型人種中心，後來看到了很多人和動物的合體人種，既像某種動物，又有部分像人。

有的像人和蛇、黃鱔、魚類等動物的合體，更多像是人和蟲子、蝸牛、章魚、螞蟥等軟體動物的合體。

有的人種渾身像果凍、碧玉，有的渾身具有濃密、發亮的毛髮，是千奇百怪。

諾頓卻對我說，「這些人種很多都是要被淘汰掉的，真正在果克星系中流行起來的並不多。製造新型人種，最關鍵的是人的思想意識和身體匹配協調的問題，我們不但有大量的實驗，還動用我們的超級電腦來類比。」

果克星系的各種各樣的女人，雖然外表千差萬別，身高、體重的差別可能幾十倍，甚至上百倍，但是，絕大多數下身儲存了許多肉管子，可以突然快速伸出來，很快的收回去，可以噴射是自己體重幾倍的巨量粘稠液體，是她們共同的特點。

我們走在這個地方，不久，諾頓他們發現一個目標後，指使我上前，叫我當送上門的獵物，他們幾個傢伙卻躲了起來。

我走上前去，看到一個女性，和我們幼稚園小女孩差不多，身體和五官都極為精緻。身材極為纖細，上身穿一個類似於我們地球上緊身內衣的衣服，兩個細長的乳房，不是被內衣罩住，而內衣上好像另外長兩個套套，把兩個乳房兜住，所以，在胸前顯得很突出。她身上所謂的內衣，如同在一個裸露的上身，畫上不同的顏色。

她下身是金屬樣的細線構成的閃閃發亮的超短裙。身體膚色是粉白色的略微帶有暗青色。

頭髮一股一股的，像許多根黑得發亮的橡膠管子，佈滿了環形的花紋，像一種昆蟲觸角上的花紋，柔順的垂下來，看來她是屬於柔順性的女性。

果克星系的主星上女性體型最常見的是兩種風格，一種是柔順型的，就是身材極度精緻、勻稱，頭髮柔順、自然下垂，兩個乳房細長、圓潤，下身出來的肉管子整齊、柔順、自然下垂，顏色單一，但是極為鮮豔、純正。這個身材纖細的女人就是屬於這種類型的。

還有一種粗野型的，就是手和腳很小，腰極為纖細，但是，身材又非常豐滿，形成了強烈的反差，乳房短而碩大，像兩個大圓球，臀部也是極為飽滿，頭髮爆炸式的。

從下身伸出來的肉管子，也是紊亂的，相互纏繞，像是許多狂舞的毒蛇，而且顏色是花裡胡哨的，有的像地球上眼鏡蛇、花斑蛇身上的花紋，帶有警示色彩，讓人看一眼就心驚肉跳的感覺。

她們也可以請求全球運動網和全球資訊網，在身邊構築一個虛擬屏障，把自己隱藏起來，讓別人看不到她們。

後來，諾頓他們說，她快速地跑開，蹲在地上，集中意念，使自己身體的毒素聚集到她下身肉管子裡的主管子裡，她也可能是在請求全球運動網遠端的向她體內補充毒素。然後，她裝得若無其事的樣子，再次慢慢地向我走過來。

按照我們地球上的審美觀，她有著驚人的美貌，極度精美的臉孔，大大的眼睛，飽滿的眼瞼，逼綠的眼珠，像藍寶石那樣璀璨。她故意把自己裝扮的像一個柔弱的、萌萌可愛的小女孩，但大大的眼睛透露出一絲絲冰冷冷的、隱蔽的殺氣，像電影《雙旗鎮刀客》中兩個頂尖刀客過招前相互對視的目光。

果克星球的金錢：果克星人賺錢的方法

有一次我和微麗、諾頓、蘇代爾到一個所謂的娛樂場所玩，我們進去後，我看到微麗對著一個牆壁看一下，牆壁立即顯示出果克文字，微麗離開後，文字迅速就消失。

「你在看什麼？」我好奇的問微麗。

「我在通過全球資訊網查看自己的財富值。」

「財富值？什麼意思？」

「就是你們地球上所說的錢，如同你們地球人在查看自己在銀行還有多少錢。」微麗回答。

「啊啊！我有點驚訝，你們果克星球這麼的發達，為什麼也要金錢？你們要什麼有什麼，還需要金錢幹什麼？」我覺得不可理解。

諾頓說，

「我們果克星球雖然比你們地球科技發達，你們地球上需要的東西，對我們不重要，或者我們獲取過程太容易，幾乎可以免費獲得。

但是，我們果克人也有其他的需求，比如要求別人為自己服務，需要獲取一些特殊的資訊。有需求就有交易，有交易就有金錢，所以離不開金錢。」

「金錢也可以使社會的分工有序化，宇宙中比我們還發達的星球，仍然在使用金錢。」蘇代爾插話。

「不過，我們果克星球上的金錢是虛擬的，看不見實物，不像你們地球上可以是鈔票。我們的金錢只是全球資訊網上一個數字而已。我們掙錢，花錢、消費，全球資訊網會自動跟蹤記錄。你賺錢時候全球資訊網代你記帳，花錢時候的時候也在為你記帳，你出門不帶錢，大家也看不見錢，錢只是全球資訊網上的一個數字而已。

我們也可以通過自己大腦和全球資訊網的連結來查詢自己的財富值，有時候嫌煩，我們又用外部電腦來查詢。」微麗說。

「我還是不太明白，比如我在地球上為老闆工作，比如，為老闆挖一個坑……」

「活活活，」蘇代爾大笑，「前哥為什麼就喜歡挖坑？」

「不是我喜歡挖坑的，我是經常挖泥巴，我在地球上經常挖黃鱔，一天要挖很多泥巴的。比如，我為地球上一個老闆挖一個坑，老闆給我鈔票。而在你們果克星球上，為你們果克星球的老闆挖一個坑，你們果克星球上的老闆給錢給我，你們沒有實物鈔票？怎麼給我？」

「很容易啊！」微麗說，

「打開全球資訊網，老闆給你多少錢，你就看到了你的財富值增加了多少了，或者老闆通過自己頭腦和全球資訊網的連結來發資訊，如果你像我們果克星球人大腦可以和全球資訊網連結，立即就可以知道你財富值增加了多少。

只是你前哥是地球人，雖然你的大腦現在也可以和我們的全球資訊網連結，但是，你不會使用，你在我們的全球資訊網上沒有身份，給你的財富值，你不能正常接受，按照果克人的方式比在地球的確要麻煩一些。」

「那你們果克星人是怎樣賺錢啊？」

「在我們果克星球上，任何一個人定期可以獲得相同的、一定數量的財富值。正常的生活不會有問題。」諾頓說，

「但是，想額外地多賺錢，是很不容易的。賺的錢幾乎都是通過全球運動網和全球資訊網進行的，所以，賺錢要圍繞著兩大網路。

在我們果克星球上有許多通過全球資訊網產生的組織，我們叫網路通訊協定部落。微麗、蘇代爾和我都是一個叫〈研究地球人〉部落裡面的成員，我們都對地球人感興趣，長期對地球人進行考察、研究，所以對你們地球人的事情都有一定的話語權。

對你們地球人的研究，也可以使我們獲得財富值。

我們打算建造一個實物房子，作為我們研究地球人、展覽地球人物品、資訊的聚集活動場所。這個房子造成功了，微麗、蘇代爾和我就獲得一定的財富值。

而且，我們可以通過這個房子獲取全球資訊網上一個虛擬位址，我們果克人可以通過全球資訊網來這個虛擬位址訪問、參觀，當然，你們是地球人不能理解這種虛擬訪問，我們的虛擬訪問，比人真實地到這裡訪問，要多得多。

以後來這裡訪問的人多了，我們還可以持續獲得財富值。

現在我們就開始造房子，前哥你可以看看我們是怎麼通過造房子來賺錢的。我們現在回到微麗的住所開始工作。」

通過全球運動網，我和諾頓、蘇代爾、微麗回到了微麗的住所。他們三個人都打開虛擬電腦，都

在虛擬電腦上操作。

「你們造房子不到現場，怎麼就在電腦上就可以搞定？」我問。

「噢，是的，」微麗左手一翻，很優雅的樣子，使手心朝上，「只要在全球資訊網上操作，就可以把房子造好。房子造好後，我們再一起去看看。」

「首先要進入『果克生物研究協議部落』，」諾頓說，「提供報告給〈果克生物研究協議部落〉，論述考察、研究地球人的重要意義，這個報告我以前提供了，現在已經批准了，你們看，我們建成了這個〈地球人研究所〉可以獲得這些財富值的。」

「我現在已經進入〈果克房屋製造協定部落〉，我們給他們一定的財富值，他們幫助我們造房子，他們現在要我們提供房屋結構圖。」蘇代爾說，「不過要設計一個房屋結構圖需要很長時間的。」

「可以在全球資訊網上搜尋現成的，免費的房屋結構圖。」微麗說，「我來搜尋。」

一會兒，微麗說搞定了。

「〈果克房屋製造協定部落〉要多長時間可以把這個房子造好？」我問。

「一剎那，按照你們地球上的時間算，幾秒都不要就可以造好。」諾頓說，「果克星球造房子，工業製造產品，都是一剎那，造的時候不需要多少時間，只是設計需要一定的時間。」

「為什麼這麼快？」

「〈果克房屋製造協定部落〉都是通過全球運動網來造房子，全球運動網可以遠端高速切割加工物體，可以高速搬運物體，可以高速冷焊接，高速組裝，這些都是在電子電腦程式控制下自動工作，速度是極快的。」諾頓回答，

「就是〈果克房屋製造協定部落〉的人，也沒有一個人到造房了的現場去的，他們也是在全球資訊網上遠端操作的。」

微麗的虛擬電腦上中心出現一個方格子，迅速向兩邊擴展，微麗合在一起的雙手，隨著方格子一同擴展，嘴裡念著，「房子造成功了！」

通過全球運動網，我們幾個人迅速地又趕到了這個剛才造的房子前。

房子很高大漂亮，果然是實體房屋，不是虛擬的。

諾頓撫摸著光滑的牆壁，說，「這個是全球運動網從山上的岩石上切割而來的，不是人工製造的，還保留了岩石的紋路，我很喜歡這種紋路，非常漂亮。」

「這個房子造好了，你們通過造這個房子，就可以賺很多錢，是吧？」我問他們。

「是的，我們的財富值增加了不少，」蘇代爾回答，「以後，這個房屋發揮作用，我們還可以持續有財富值增加。」

「如果這個房屋以後沒有什麼作用，可能要被拆掉，我們就沒有後續收入了。」諾頓補充道，「在果克星球上某些特殊情況下，對人和環境有害的建築、房屋以後還可能要被扣掉建造主人的財富值。」

「我看你們造房子很容易的，這樣賺錢也是很容易的，為什麼要說賺錢很難？」我不解的問。

「主要問題是准入，就是你的提議能不能得到批准和回應，」諾頓說，「還有，你要加入一個協定部落，依靠一個組織，個人是很難掙錢的。」

「個人也可以為他人提供服務、從事科學研究、文化藝術創造等賺錢啊。」微麗說，

「你們果克人如果賺不到錢，日子怎麼過啊？」

「啊，這個倒是不需要太擔心的，我們定期可以獲得固定的財富值，基本生活是沒有問題的，只是你想生活過得豐富多彩，活得更快樂，玩更多新奇的遊戲，有更多的體驗，那就要努力，來獲得一些額外財富值。」微麗說，

「還有，我們果克人生活中，補充營養物，出門旅行，居住，玩大部分的遊戲，養大部分的寵物，治病、人體保健、置換身體等等，許多方面都是免費的。」

「如果我什麼事情都不做，只是定期獲得財富值，我努力節省開支，時間一長，我可能也是大富翁嗎？」我問。

「這個是一種消極的想法，你前哥如果生活在我們果克星球上，可能是懶人一個啊，」蘇代爾說，「在我們果克星球你老是不賺錢，也不花錢，你的財富值可能要被扣掉一部分的，通過一種演算法，很容易識別你這種情況。我們果克星球同樣不歡迎這種懶人的。」

「在我們果克星球上，財富和權力是融為一體，誰掌握了財富值，就可以有支配他人的行為的能力，等同於權力。簡單地講，你是大富翁，就是領導人，就有影響力。所以，果克星球的金錢更加地重要。」

諾頓說，「我們很多物品都是免費的，你也看到，在我們的住所，裡面的東西很少，像你們地球上那種通過生產物品來賺錢，在我們果克星球上是行不通的。我們的個體必須要依附一個團體，才可以賺大錢，我們的個體很難賺錢，因為無法和強大的團體競爭。

強大的團體，提供給公眾的用品，不但品質好，絕大多數都是免費的，你怎麼能夠和一個免費的

團體競爭？我們的個體只能提供個性化的產品，或者提供個性化的服務。

特別是掌握全球運動網、全球資訊網、各種先進演算法的團體，他們大規模的提供給人品質好，免費的物品、資訊、服務等，導致很多個體無法與之競爭，失去大部分的賺錢的機會。」

「看來，我想帶點你們果克星球的鈔票回到地球炫耀、顯擺，沒有指望了。」

「按照我們果克星球的規定，你什麼物體都不可以帶回去的。」蘇代爾說。

二十七，果克星球的領導

有一次我和諾頓他們去拜訪一個果克生物學家（讀音：愛文森），愛文森有著和諾頓相同的身材，面相穩重，目光銳利，很有智慧的樣子。和諾頓是同行，比諾頓的名氣還大，是諾頓他們的主管。見到我，愛文森說，

「非常歡迎來自於地球的前哥。對你們地球很感興趣，我和諾頓、微麗、蘇代爾都是全球資訊網上〈研究地球人〉部落成員，我們經常討論你們地球人的事情，我們可以好好交流一下。」

我問愛文森，「你們果克星球上有多少國家？」

「我們果克星球只有一個國家，整個星球就是一個國家。」愛文森回答。

「那你們果克星球的總統是誰？」

「我們沒有總統。」

「你們果克星球沒有最高領導人？難以想像，就是我們地球上黑社會也有個頭頭啊。我第一次踏上你們果克星球的土地上，心裡想你們果克星球上可能有什麼大官來迎接我，結果沒有，原來是這麼一回事。」

「嚴格地講，我們果克星球的最高領導人在全球公眾資訊網上，是虛擬的，可以叫〈全球資訊網協定演算法聯盟〉。」愛文森說，

「我是果克生物研究部落盟主，我只是在生物研究這一塊有一定領導權。

果克星球的領導人本質上是一種大家約定的、都能夠相互接受的、只是存在於全球資訊網上的演算法協定。

當然這些演算法協定也是不斷地發展著，是在不斷地修改中，出現許多個演算法版本，其本質就是許多人在不同地點、不同時間裡合作創造的一種人工智慧，這種人工智慧資訊以數位的形式存在於全球公眾資訊網上。你們地球上的領導人就是一些具體的個人，是吧？」

「我們地球上的領導人結構是一個金字塔形狀，地球上有許多國家，國家最高領導人叫總統，下一步叫省長或者叫州長，再下一步叫縣長，再下一步叫鎮長或者鄉長，再下一步叫村長，再下一步就是普通百姓。」

「我們果克星整個星球就是一個國家，果克星球其是一個星系，周圍有幾十個星球，上面都有人居住，這些星球都受果克星球管轄著，嚴格地說，果克星系是一個國家，整個果克星系沒有不同的國家之分。」諾頓說，

「我們的最高領導人是全球資訊網演算法協定聯盟，下一步是全球資訊網部落盟主，再下一步就是普通人了。」

「在我們果克星球上真正掌握實權的，我認為是控制全球運動網這一幫人，」蘇代爾說，

「你們想一想，我們做什麼事情，都離不開全球運動網，全球運動網實際上在背後控制了整個果

克星球。」

「我有不同看法，」微麗說，「我們做什麼事情，獲得多少財富值，有專門的〈定價演算法部落聯盟〉給我們定價，我認為這個給我們定價的〈定價演算法部落聯盟〉更厲害，比控制全球運動網這些人更加厲害。」

「確定一個人做了一件事情應該獲得多少報酬，全球有那麼多人，而且有那麼多事情，這個定價是一個系統的、極度複雜的事情，一個人是無法勝任的。這樣，自然而然的資訊網演算法聯盟出現了。這個是最早出現的演算法聯盟，實際上就是許多人在相互合作、相互妥協給出合理的定價。」諾頓說，「管理全球資訊網上各個演算法聯盟的『總算法聯盟』，就是我們果克星球的最高領導團體。」

「有一次，我覺得〈定價演算法聯盟〉可能是故意少算了我的財富值，我警告了他們，如果不理睬我，我將向〈全球資訊網監督聯盟〉投訴，他們立即道歉，並且補充了少算給我的財富值。感覺不到他們有多厲害的樣子。」蘇代爾說，「直接發財富值給我們的部落聯盟也許更厲害。」

「搞了半天，你們果克星球上最高領導人到底是誰，你們也說不清楚啊。」我說，「你們的領導人說白了就是電腦和網路中的演算法數位，不是真實的人，是虛假的，你們這些人怎麼心甘情願被虛假領導人領導。你們的星球高度發達，為什麼會是虛假領導人呢？」

「我們果克星球虛擬領導人也是逐步發展的，不是開一個會，大家約定從某一天開始的，」愛文森說，

「全球資訊網加上全球運動網發展到一定的程度，人們憑個體很難獨立獲取財富，獲取財富主要是依賴全球運動網和全球資訊網。全球資訊網加全球運動網可以解決人們生活、生產中幾乎所有問題，

虛擬領導人的出現其實也是必然的結果。」

愛文森點開身邊的虛擬影像，虛擬畫面出現了許多戰爭場景，密密麻麻的人群騷動，好像是在冷兵器時代的戰爭。

愛文森說：

「回顧歷史，果克星球以前有許多國家，彼此之間和你們地球上一樣也經常發生戰爭，戰爭的原因是為了爭奪能源和物質財富。

全球資訊網和全球運動網出現以後，能源和物質財富對果克星球已經不再重要了，基本上變成了免費。

由於不需要爭奪能源和物質財富，並且鈔票徹底數位化，國家失去了發行鈔票的權力，導致國家的力量的喪失。

全球運動網可以使人瞬間出現在全球任何地方，國家的存在越來越沒有必要了，反而給人出行帶來麻煩，制約了社會的發展。

自從有了全球運動網，可以隨時隨地的制止人的犯罪行為，國家在抵抗外敵入侵、打擊犯罪、維護社會公平、秩序方面的功能喪失。

國家最後在果克星球上逐漸消失了。

隨著國家的消失，國家領導人也隨之消失了，全球資訊網上的演算法協定聯盟逐漸代替了國家領導人的功能。

全球資訊網上的演算法協定聯盟在我們果克星球的國家徹底消失之前實際上已經就出現了。」

「我提出一個愚蠢的問題，你們不要見笑啊，你們果克人想當一個領導人，就是當你們所說的部落盟主，很難嗎？」

「應該是很難的，首先，你要選擇一個部落，比如，你是研究生物的，對生物研究很內行，有著自己獨特的見解，你可以選擇〈果克生物研究部落〉這一塊，經常在全球資訊網上發佈自己的看法，努力參與各種事務中，經過長時間的努力，各種事情上，明顯超過現任的盟主，這種超過，是有演算法精確統計的，經過部落成員的同意，你才可能替代現任盟主。

但是，一般情況下，盟主不是很隨便換的，還有，果克星人都是長生不老，這個過程很漫長，想當上盟主要有很大的耐心。」

「那我花錢買行不行？比如，我有很多錢，給部落成員很多錢，能不能快速地當上盟主？」我問。

「活活！」蘇代爾大笑，」你們地球人就好這個，在賄賂這個方面，你們一直保持著優異的能力。」

「化錢買盟主，在我們果克星球上難以成功，因為我們果克星人基本生活都是免費的，金錢只是額外享受才需要，所以對金錢需求不是那麼強烈。」諾頓說，

「另外，我們有專門的〈全球資訊網監督聯盟〉，使你花錢買盟主的行為很快被發行而被制止，所以難以實現。」

「前哥，你們地球上已經出現了網路，如同我們的全球資訊網，只要你們地球人把場的本質破譯出來，就可以把全球運動網建立起來，有了全球運動網，你們地球人也可以瞬間出現在全球任何地方，你們的國家也會逐漸消失，最後整個地球會變成一個國家的。」愛文森說，

「你們地球的領導人也會逐漸地會被網上虛擬領導人代替，這是整個宇宙文明發展的趨勢，宇宙

中高級文明都要走到這一步的，沒有人能夠阻擋住的。你們地球人被互聯網虛擬領導，是必然要發生的事情，只是取決於你們地球人破譯場本質的時間早遲而已。」

「那說到底，你們星球上什麼人最厲害。」我問。

「資訊網上虛擬領導人本質是人工製造的智慧，是一種演算法，是各種演算法在控制、主宰我們的星球。創造演算法、擁有演算法的是什麼人——是數學家！真正控制我們星球背後的其是數學家，這個毫無疑問。」愛文森說。

「物理學家不行嗎？物理學不重要嗎？」我問。

「物理學很重要，物理學是一切科學的基礎，但是，物理學發展到一定程度，自然而然就終結了，不再發展下去。宇宙中無論什麼星球，無論什麼文明，一旦認識到：

宇宙是由物體和周圍的空間構成，其餘統統都是不存在的，沒有第三種與之並存的東西，其餘都是我們觀察者對物體在空間中運動或者物體周圍空間本身運動的一種描述。

那物理學就自然終止了，物理學的深度到此為止，剩下的只是在一個平面上擴展，或者修修補補之類的。但是，數學沒有終點。從某種程度上來講，物理只是數學的一個分之，物理只是數學中描述運動現象的一個分之而已。

數學家很可怕，比如他們形成一個圈子，掌握了資源，你想融入他們的圈子，必須破譯他們設置的准入密碼，否則他們不帶你玩，把你擋在他們的圈子外。

這些密碼就是各種演算法。這些演算法有的是他們人為設計的，有的自然存在而被人發現的，是非常恐怖的，很多天才級人物都無法入門。」

虛擬旅行：果克星球的奇幻之旅

有一次，在微麗的住所，我問微麗，「我怎麼感覺你們果克人有一個特點，做什麼事情都是懶散，慢吞吞不著急。」

「果克人生活主要就是玩，普通人無論是體力和腦力工作，都是不允許的，普通人工作只能添亂。因為我們的一切都依靠全球運動網和全球資訊網，而這兩大網路屬於虛擬網路，是不會損壞的。而且是人工智慧在操作，我們的人工智慧經過數千年的發展，非常強大，普通人是沒有辦法相比的。只有特殊技能的人才允許你工作，工作只是少數人的事情，就是這些工作的少數人，他們工作的時間相比起玩的時間也只是那麼一點點。如果你們地球上科技發展到一定程度，也是這個樣子。」

微麗睡在床上，翻了個身，說：

「對於大多數像我這樣普通的果克星人來說，由於全球運動網在電腦程式控制下，可以自動地為我們身體提供能量和營養，我們不用像你們地球人那樣考慮吃喝的事情。

我們的衣服是虛擬的，就是全球資訊網遠端製造的虛擬影像在我們的身上，有的衣服和我們身體是融為一體，衣服是從身體裡生長出來的。所以我們不用像你們地球人那樣考慮穿衣服的事情。

我們沒有父母親，沒有兄弟姐妹，不擔心生病，不擔心死亡。你們地球人追求財富和權力，我們追求的是感覺和體驗，生活中除了玩還是玩，玩是我們生活的全部，玩可以使我們獲得更多的體驗。」

「喔，我有點理解，那你們平時是怎麼玩的？到哪裡去玩？主要玩些什麼？」

「哦，玩的方式是非常多的，我們也帶你玩了一些地方，我們經常玩的有虛擬旅行……」微麗在思考的樣子，突然又從床上跳下來說，「前哥，我帶你去玩虛擬旅行。」

「那好吧？我們現在就出發？」我站了起來，轉身走到門邊。

「哪裡啊，就在這裡就可以虛擬旅行，」微麗雙手拉著我的手臂，像貓那樣把頭靠在我的胸口蹭，「我現在就來打開虛擬旅行。」

微麗用手在空中劃了一下，空中馬上騰起一股白色的煙霧，又迅速的轉變為立體影像，而且越來越大。這個是他們的全球運動網、全球資訊網遠端製造的三維立體影像。

影像中出現幾棵大樹樣的植物，周圍是類似茫茫的大草原。上空漂浮著果克星文字，我對這些文字掃了一眼，全球資訊網客服翻譯出：「蠻荒原。」

「我們馬上要領裝備，選坐騎獸，選弓箭和其他武器，還要選僕從，還要選寵物，不過我覺得寵物就不要了。我們要回到蠻荒時代，你明白嗎？」微麗說。

「嗯，我明白。」其實我是糊里糊塗的。

「好的，我們虛擬旅行正式開始。」微麗又用手在空中劃了一下，我們頓時覺得自己周圍場景大變，我和微麗已經融入剛才的三維虛擬影像中。

我們站在蠻荒草原上，微麗說，我選擇了一個和你們地球原始社會差不多的背景。

我和微麗赤身裸體的，身上只有一些樹葉和花環，我們成了一對原始人，走在荒涼的大草原上。

後來，我們來到一個聚集許多動物的地方，我和微麗各領一個又像獅子又像馬的坐騎。在另一個地方，微麗和我領了弓箭和彎刀。

微麗開始說不要寵物，後看到寵物又改變主意，我們沒有領僕從，我和她都領一個像鸚鵡的小鳥，飛在我們前面，伴隨著我們一起走。

我們行走中，看到有3個人追趕一個人，微麗說，那是三個強盜在追趕一個商人，並且要殺死他。

「我們應該幫助那個商人，和三個強盜戰鬥。」我建議。可是微麗要我們躲起來。我說，「如果戰鬥失敗，我們被殺死，是不是很痛苦的感覺。」

「那倒不是，只是我們這次虛擬旅行就結束了。」微麗說。

「那為什麼我們不去進攻，你看，可憐的商人被殺死了。」

「沒有為什麼，聽我的話，」微麗突然蠻橫起來，「我叫你進攻，你才可以進攻。」

後來，我們遇到了大隊人馬，微麗卻叫我們進攻，我在猶豫，可是微麗揮舞著彎刀已經衝了進去，我們英勇殺敵，可是身上中了很多箭，每次中箭，都能夠明顯感覺到疼。

眼看我們要被俘虜，沒有辦法，我們只好滾下山崖。在山崖下，我埋怨微麗瞎指揮，微麗說我不勇敢，而且笨死了。

我們就這樣吵起來，微麗說不玩了，用手這麼一劃，我們周圍場景突變，眼前是微麗的家裡。

微麗嫵媚嬌滴滴地說，「前哥，我說你笨死了，你不生氣吧？我們繼續虛擬旅行這麼樣？」

「嗯，我不生氣的，這個虛擬旅行像真的一樣，非常有意思，我也想繼續玩。」

「好吧，我們繼續虛擬旅行。」微麗臉上嫵媚神情驟變，「不過，這一次，我們分開旅行，我再也不想和你一起旅行。」

微麗用手在空中一劃，一股煙霧重新出現，三維虛擬影像又逐漸顯現出來，我們又重新進入虛擬旅行場景中。

這一次，我可以自己做主，我選擇了一個「粉紅色桃花園」，靠！微麗選擇什麼「蠻荒原」，微麗怎麼會喜歡打打殺殺的？

「你不是說不想和我一起旅行了嗎？」

「啊，我不是改變了主意了嗎，我現在要把你變成我的坐騎，騎在你的身上到處旅行，在蠻荒時代，你是我的坐騎獸，在海裡，你是大魚，在你們地球的汽車時代，你是我的沙發坐墊，在我們飛碟裡，你是我飛碟裡面的座椅。」

「我是人啊，你怎麼能夠把我變成這些亂七八糟的東西。」

「我有辦法保證，你很樂意被我騎著。」微麗很自信地說，用手對我一指，我果然變成了一個又像獅子又像馬的坐騎獸。

微麗和我又在一起開始了虛擬旅行，我們一起去了原始人部落，去過海底，深入到火山內部，看到熊熊大火和洶湧噴出的紅紅岩漿，去了許多稀奇古怪的地方。

後來，我們駕駛的飛碟飛到一個好戰的星球，被擊落，燒毀。我和微麗都被這個星球的人抓住，身體被他們解剖，一切感覺像是真的一樣。解剖身體的時候，甚至都能聽到切割肌膚的聲音。

後來，在另外幾個星球人的幫助下，我們逃出來了，開始新的旅行。只是，到了最後，又被微麗瞎指揮搞得狼狽不堪，在爭吵中我們結束了這次虛擬旅行。

只是微麗好像餘興未盡，又邀請蘇代爾和諾頓和我們一起去了一個專門虛擬旅行的場館。

我們一行人通過全球運動網來到了這個專業虛擬旅行的場館，場館高大氣派，只是沒有大門，牆壁下的地面上許多圓圈。

人進去的時候，站在牆壁下一個圓圈裡，圓圈周圍一個光亮點慢速旋轉著，牆壁上出現許多果克星球的文字和一些畫面，諾頓他們在牆壁上按一下，我們全部都進去了。

裡面空間巨大，分割成許多小塊，一個小塊空間裡容納一個人，人走到裡面都是迅速地懸浮起來，像在太空失重那樣。

後來我知道，果克人的虛擬旅行就是把各種場景信號通過人工場掃描的截頻技術輸入人的大腦裡，把人身體懸浮在空中，並且可以調節人身體的姿態，目的是給人更加逼真的感覺，而在微麗家，都是人睡在床上，沒有這裡效果好。

專業虛擬旅行場館比起微麗家裡，就是不一樣，可以選擇的內容特別多，場景更加逼真，人的各種感覺和現實中沒有區別，憑人的感覺是無法區分的。

但是，我努力地使大腦保持清醒的，時刻的對自己說，這個是虛擬旅行。

但是，在遊戲中，人接受的某些信號可能經過處理了，比如，虛擬旅行中，被敵人的刀槍擊中，雖然有疼痛感覺，但是很輕微。

在專業虛擬旅行場館中，我隨便選擇了幾項，有「星際旅行」，「和野蠻人戰鬥」、「我是國王」等，各種各樣的帶有性愛遊戲的旅行內容是最刺激又是最吸引人的。

「星際旅行」中，如同人們坐著飛船，從空中看到宇宙中各種星球的面貌，有畫外音給出各種介紹。

特別是有人居住的星球，介紹特別詳細。從他們介紹看宇宙中許多星球都有高度發達的文明人。在地球版本的遊戲中，還有身材巨大的女人，一不小心被她們俘獲，會把你用許多布條子緊緊的綁在她們身上，她們把你當作孩子，餵給你超量乳汁，帶著你到處跑，使你失去自由。

「海底世界」有著各種各樣的千奇百怪生物，如果你是男性去玩，就會看到大部分是女人身體和海洋動物的合體，既有女人身體的模樣，又有各種奇怪動物身體的模樣。

有大魚和女人的合體，有的又像鯊魚又像女人的身體，有的又像章魚又像女人的身體。有的是巨大的貝殼，裡面寄生有女人。

男人的感覺如同在真實的在海水裡那樣，在海水裡面遊蕩，和這些美女生物鬥智鬥勇。

在陸地版本中，常見的有蛇類和女人合體，蠕蟲和女人的合體，類似于獅子和女人的合體，青蛙類動物和女人的合體、跳蚤類昆蟲和女人的合體、鳥類與女人的合體……這個其中許多屬於寄生人種。

這些半人半獸在樹林中，草叢中，海洋裡，太空中，雲朵中，海底裡，地下洞穴裡，不知道哪裡的怪異場景中……布下精心編制的陷阱，來捕獲男人，或者鑽入男人的身體裡，使男人成為自己的獵物。當然，男人們也掌握許多破解神器，來擺脫被俘虜。

在虛擬旅行場館，我玩了很長時間，也很累，不知道是怎麼回來的，是在微麗家裡醒來的。他們的虛擬場景和真實場景是經常隨意地切換。

人工資訊場治療疾病

有一次，我和微麗、蘇代爾受到諾頓的邀請，去一個私人館所去玩，但是我在聚會裡受了傷，於是諾頓他們決定終止這一次私人聚會，帶我去果克星球的醫院裡去治療。

通過全球運動網，我們很快到了果克星球的一個醫院裡，醫院非常高大，裡面人很少，很安靜。一個巨大的圓柱物體出現在我們面前，大約有我們地球上一間房子那麼大，中心一個大洞，微麗扶著我，我才能夠站立。

微麗對我說，

「這個是人工資訊場掃描器，我們果克人治病就靠這個，這個機器可以治療任何疾病，包括外傷，就是你們地球人的任何急性和慢性疾病都可以被這個機器治好。人只要在這個機器裡被掃描一遍，就可以完全治好了。」

我以為微麗是在安慰我，我身體一輕，就進去躺著，在圓柱形空腔裡面的時候，有一股微微的電流穿透我的身體，給人癢酥酥的感覺。從頭開始，逐漸移到胸部，再到腹部，再到腿上，一直到腳，最後這種感覺從身上消失。

從進去到出來，幾秒的時間，我就出來了，身上一切疼痛和不適應統統消失。我感覺這個人工資訊場掃描機器真是太神奇了，不停地詢問他們。

「人工資訊場治療疾病，需要人工資訊場發生器這個硬體，還需要軟體，就是控制人工資訊場發生器如何工作的電腦程式。」諾頓說，

「在那個醫院裡的人工資訊場掃描機器中，沒有治療地球人的程式，還是我臨時從全球資訊網上搜索下來的治療地球人程式，治好了前哥。」

「人工場資訊掃描機器為什麼治病這麼快，而且徹底？」我問。

「人工場在電腦程式的控制下，可以精確的把分子、原子那麼小的物體識別、分類移走，可以高速識別、高速批量移走物體。比如說可以以極高的速度一個一個分子的來移走物體。」諾頓繼續給我解釋：

「人工資訊場發生器還可以精密切割、搬運、冷焊接、組合、局部加熱、局部冷凍——，還可以在物體內部瞬移，可以把物體內部的東西瞬間移走，而不破壞物體的外表和結構。

就是可以在密封的環境下把東西移走，不破壞密封環境。比如在不開刀的情況下可以把人體內部任何東西瞬間移走。

這種人工場可以隔空取物，對人做手術的時候，就不要割開人身體了，通過場掃描機器，可以精確的對人體內部進行手術。」

「這種人工場掃描機器的工作原理是什麼？」我仍然很好奇。

「宇宙中的場主要是電磁場和萬有引力場和核力場，引力場作用範圍廣，對物體有穿透性，對任何物體都有作用力，但是，力量比較弱。

電磁場力強大，但是對物體穿透性差，作用範圍短，並且只是對有些東西感興趣，有些東西不感

興趣，對不感興趣的東西作用力幾乎為零。」蘇代爾給我解釋，

「人只要知道了場的本質，就可以製造出一種具有引力場對什麼物體都有作用力、電磁場力量強大雙重特點的人工製造的場——人工場。

人工場在電腦程式的控制下工作，這個就叫人工資訊場。其基本原理是人工場照射使物體處於零品質的激發狀態。物體一旦處於零品質激發狀態，就可以無損傷地穿過另一個固體，還可以以光速運動。」

「你們地球上將來也會出現為人治病的人工資訊場，不但可以徹底治療你們地球人的癌症、高血壓、糖尿病、老年癡呆症等慢性疾病，也可以徹底治療傳染病和外傷及其他任何疾病。」諾頓說，

「你們地球上人工資訊場的出現，標誌著你們地球進入無藥物時代」。

我回到微麗家，我對果克星球醫院裡的人工資訊場掃描器非常驚歎。

「人工資訊場掃描機器還可以減肥、美容和雕塑人的體型，」微麗說，

「只有人工資訊場才可以使人的身體體型想怎麼樣就怎麼樣，真正的隨心所欲。」

參觀鄰近星球：探索宇宙的未知領域

和諾頓他們交談，我得知果克星球附近有幾十個行星，像我們地球附近有八大行星一樣，圍繞著一個巨大的像太陽那樣的恒星在旋轉，有的行星還有衛星，大的行星都有幾十個衛星。

他們的文明開始起源於其中一個行星，後來，他們發明了光速飛碟，才開始大規模開發附近別的星球。

果克星球附近的行星，已經大部分被果克人開發，可以居住人，有的已經居住了不少人。

有一次，我和諾頓、蘇代爾、微麗乘坐飛碟參觀了果克星球附近的幾個行星。

首先，第一站，我們去了垃圾星球，這個星球堆滿垃圾，空氣稀薄，不適合人呼吸。飛碟在垃圾星球上空懸浮著，諾頓、蘇代爾上了這個垃圾星球，微麗陪我待在飛碟上。

微麗說，我們果克星球對環境的要求是極端嚴格的，果克星球產生的很多垃圾，特別是報廢的飛碟，都運到這個垃圾星球來分解處理，處理完，有用的材料會運回去使用。

垃圾星球絕大多數是機器人在工作，有人在果克星球上遠端操縱這些機器人在垃圾星球上工作。

第二站，我們到了一個巨大星球上，飛碟在空中盤旋。到處是密密麻麻的高大的金屬樣建築，這個星球呈現銀白色，但是，仍然有荒涼的感覺。星球上沒有植物，至少我努力地觀察，沒有發現植物。

「這個就是我們的母星銀星，」諾頓的話讓我有些意外，「我們果克星人就起源於這個銀色星球，這個星球本來和你們地球一樣，充滿綠色，充滿著生機，可惜由於持續很長時間的核戰爭，按照你們地球上時間單位計算，有上百年的時間。

我們幾乎把這個星球毀了，這個母星表面被核武器破壞得不適宜人居住，人們只好轉移到地下生活。

好在不久以後，我們破譯了場的本質，發明了飛碟，我們首先開發銀星附近的果克星球，我們努力改造果克星球，使果克星球環境變得適合我們居住，現在果克星球已經是我們的主星，也是我們權力、科技中心，別的星球都受果克星球管轄。

現在銀星上主要居住的大部分是虛擬人，和長年生活在地下的地下人。」

飛碟從一個通道中進入到了銀星內部。到了銀星內部，諾頓給了一個圓環套我的脖子上，說銀星地下的空氣可能不適合地球人。這個圓環其實阻擋空氣進入我嘴裡的，他們可以通過飛碟上的人工場掃描設備把血氧瞬移到我的體內。

我們一行人下了飛碟，乘坐另一種交通工具，像敞篷汽車，沒有輪子，離地面大約2公尺的高空中飄行，速度不快，周圍景物一覽無遺，很適合遊覽觀光。

銀星內部如同蜈蚣身體一樣，一個很巨大的主洞，周圍許多小洞連通著大洞。聽他們說，這個主洞下面仍然有主洞，是很多層的。

我們不時的也看到巨大的地下空間，在這個地下空間裡，能夠看到很多綠色、黃色的植物和奇異的景物，顏色都是極度的鮮豔，如同生活在陽光之下，但是，給人有壓抑的感覺，仍然感覺空間不夠大，沒有達到使人生活在藍天白雲之下的舒暢感覺。

我們看到大洞的牆壁上許多虛擬人來回走動，也有很多光線虛擬人，迎面向我們走來，從我們身上一穿而過，很是驚悚，也很是神奇。

後來我看到在小洞口，昏暗的光線下，有許多稀奇古怪的爬行動物，看到我們，迅速的鑽到更小的洞裡。

從銀星出來，我們乘坐飛碟飛到了「原始部落星球」。

諾頓介紹說，

「原始部落星球的居民大部分是從果克星球上移民上去的，在果克星球的全球資訊網上，有一個『我是原始部落』的部落論壇，這個部落論壇才是原始部落星球的權力中心和大本營，他們崇尚原始生活，反對科學技術，但諷刺的是離不開一些基礎科技。

在開發原始部落星球，這個〈我是原始部落〉的部落論壇發揮了主要作用。」

原始部落星球表面許多植物，景色非常優美，蘇代爾駕駛飛碟超低空飛行，諾頓說，

「要小心，原始部落星球人喜歡攻擊別人，他們的人不友好，不但反對科技，還討厭一切法律和約束，崇尚暴力，喜歡弱肉強食的叢林法則，他們相互殺戮是很平常的事情。」

果然，我們看到地面上有暴露的人屍體，大煞風景，與優美的環境極不協調。這些屍體裸出骸骨。

諾頓說，「〈我是原始部落〉人身體是在果克星球上定做的，具有骨骼，需要吃食物，而我們沒有骨骼，不需要吃食物，我們的營養是全球運動網的人工場在程式控制下自動為我們身體提供，而原始部落星球沒有人工場設備，也沒有全球運動網，他們和你們地球人一樣，只能吃食物維持身體的能量。」

我們看到原始部落星球人胖瘦不一，身高不一，長相是千差萬別，衣服破爛，幾乎人人都帶著武器，有刀箭，有火器，還有更高級的我叫說不上名字的武器。

「這些人打仗死了怎麼辦？」我好奇的問。

「這些人的意識在我們果克星球都有備份的，死了，在果克星球上立即就可以復活一個來，但是，在原始部落星球上的記憶要丟失的。

果克星球的〈我是原始部落〉的部落論壇在原始部落星球太空中設置了衛星，可以用人工場掃描遠端的監測原始部落人，人一死，他們馬上就知道了。

原始部落人在果克星球上復活後，如果還是想找死，還可以來原始部落星球，找人相互厮殺。」蘇代爾不屑的說，

「原始部落星球沒有人工場，沒有全球運動網、全球資訊網提供服務，在這個星球怎麼吃飽了才是最大的問題，別的方面更糟糕，生活在這裡就是活受罪，不明白為什麼有人喜歡呆在這個星球？」

微麗說，

「可能這些人心裡老時就想著去殺人，而且想的是殺真人，不是在虛擬遊戲中的殺人，別的地方沒有機會殺人，只有到了原始部落星球才可以真的殺人。」

「自己也被別人殺，活活！」蘇代爾大笑。

從原始部落星球告別，我們來到了花星，千奇百怪的植物，到處是花，簡直就是花的海洋，我們在裡面漫步走著，空氣中都是香甜的味道。

他們叫我一個人單獨在一處紅花中間站著，要留下照片給他們。但是，我沒有看到他們用照相機

給我拍照的舉動，可能他們有高級的方法獲取照片吧。

「這個紅花是從你們地球上引進的品種，你知道是什麼花嗎？」諾頓問我。

「不知道，我在老家見過這種花，但是，不知道叫什麼名字。」

「這個在你們地球上叫紫薇花，」諾頓說，「不少果克人來這裡遊玩，放鬆心情，這裡是一個好地方。」

「不過，人在這個地方人呆久了，又感到厭惡。」蘇代爾說。

「這個看法，我贊成。」微麗說。

我們飛臨一個不大的星球，蘇代爾駕駛飛碟在這個星球上空盤旋，諾頓指示飛碟不要在這個星球上降落。

諾頓說這個星球是離果克星系中心的恒星最遠的一個行星，是果克星系的預警中心，主要預警宇宙其他星球上的來客。

這個星球的建築有點奇怪，房屋橫著伸的很長。我想，可能這個星球引力小，物體在上面重量小，否則這樣的建築會被星球的引力破壞掉。

我們飛到一個不大的星球上空，看到一個失事的巨大飛碟，被厚厚的塵土覆蓋著，蘇代爾駕駛飛碟靠近了這個失事大型飛碟，啟動了掃描設備對飛碟內部圖像掃描，我們在飛碟的虛擬成像螢幕上看到了失事飛船內部情況，裡面就有人的骸骨。

諾頓說，「這些人是我們果克人早期的探索活動先鋒，那時候我們果克人的意識還沒有能力備份，這些人死了，不會再活過來，這些人是真正的英雄。」

在一個荒涼的星球上，我們看到了一些人工建築的痕跡，諾頓說，

「這個星球是我們果克人早期改造失敗的一個星球，果克人早期選擇一些小型行星球改造，認為小型行星球改造成本小，實際上這個是錯誤的，小型行星不容易固定空氣，用人工場固定空氣雖然方便，但是，一旦出故障損壞，空氣跑光，引起災難後果。」

果然，在這個星球上，飛碟掃描成像使我們看到許多房屋內，很多雙雙擁抱在一起的骸骨。諾頓說，

「這個就是典型的人工場出了事故，空氣剎那間跑光，這個星球的居民眼看不久都要死去，多數情侶和夫妻選擇雙雙擁抱而死，果克人早期星際開發也是冒著生命危險的。現在像一些小的行星，不容易固定空氣，我們主要安排光線虛擬人生活在上面。」

我們的乘坐飛碟飛到一個巨大的星球表面，諾頓說這個叫礦星，體積很大，是果克人早期開採礦的主要場所。

以後隨著科技的進步，果克星人利用人工場掃描技術，使不同物質之間的相互轉化越來越容易，人們非常廉價的就可以把一種物質轉化為另一種物質。就像你們地球上的金銀珠寶，到了我們這兒變得如同泥土不值錢了。

後來人們逐漸放棄了到這裡採礦，這個星球現在到處是一遍荒涼。

礦星有很多衛星，諾頓說單單有你們地球大的衛星就有幾十個。在這些衛星當中，有許多已經被果克人開發過，居住著人，有的正在開發。

我們飛過礦星，來到了情侶雙星，所謂的情侶雙星，就是兩個大小幾乎相等，圍繞一個軸線相互

旋轉，同時又共同圍繞著恒星（也就是果克星系的太陽）旋轉。

「情侶雙星以前有的人是這麼叫，但也有人叫姐妹雙星，後來，果克人可以複製自己，可以長生不老了，沒有了姐妹的概念，人們現在又都叫情侶雙星了。」微麗說，

「這兩個星球一個黑一個白，人們又叫它們是黑白雙星，都把黑星叫男星，白星叫女星。情侶雙星離我們果克星球很遠，站在果克星球上看，不容易引起人注意。但是，情侶雙星離我們母星銀星不遠，站在銀星上看，黑白兩個星球都很大，很顯眼。

在銀星時代的詩人啊，唱歌的，男女表白愛情什麼的，經常拿情侶雙星來比喻，都被人用爛了。」

「好像我們地球人比喻愛情喜歡拿月亮來表示。」我說。

「銀星時代的人們對情侶雙星非常著迷，無數文人把那裡描繪成癡情男女的夢中樂園，人們幻想那裡有許多美麗漂亮的少男少女，人們不用辛苦勞動，整天就是遊玩，享受著男女之間交歡的快樂。男性如果沒有伴侶，或者失去心愛的女人，相信到了白星上就可以找到心愛的女人；女性如果沒有伴侶，或者失去了心愛的男人，相信到了黑星上就可以找到心愛的男人。」蘇代爾說，

「後來，我們的科技發達了，人們登上情侶雙星，發現兩個星球都是荒涼無比，什麼都沒有。只是表面物質不一樣，反射光線不一樣而已。」

我們乘坐的飛碟在黑星表面飛行，我們看到巨大白星倒扣在空中，像是時刻要墜落下來一樣，白星緩慢地在空中移動。

諾頓說黑白雙星相互圍繞旋轉一周所需要的時間還沒有月球圍繞地球一周時間大。

「現在果克星人也在大規模開發情侶雙星，果克星球的全球資訊網上，情侶雙星廣告是鋪天蓋地，

賣點就是情侶雙星，情侶無悔的選擇。但是，仍然沒有多少人去情侶雙星長期居住，情侶雙星人氣不旺。」蘇代爾說，

「情侶雙星先天條件不好，有時候白天時間太長，夜晚太短，有時候白天太短，夜晚太長，夜裡被另一個星球反光，白天被另一個星球遮擋著陽光，搞得白天不像白天，黑夜不像黑夜，加上硬體建設不到位，沒有多少人願意長期住在情侶雙星。」

我們乘坐飛碟飛過白星表面，看到了巨大的黑星倒扣在白星的頭上，白星表面是銀白色的，黑星表面幽暗的黑色，我想有可能黑星山峰過多的陰影，也是造成黑星呈現黑的原因之一。

我們沒有登陸情侶雙星，朝下一個目標飛去。

我們還飛到了果克星系的其中一個工業星球，工業星球沒有煙筒，到處是高大金屬建築，密密麻麻的工廠，諾頓說工業星球沒有空氣，都是機器人在工作，果克人在遠端控制著。

參觀了這個工業星球後，我們飛回果克星球，還有很多星球，我們沒有去參觀。

很快，諾頓帶我們到了兩栖人聚集的地方。從空中看到一個環形的島嶼，島上景色非常漂亮，各種設施齊全，中間是碧清的海水。我們乘坐的飛碟一頭進入島嶼中央的海水中。

飛碟在海底停下，我們走出飛碟，周圍不是海水，而是空氣，許多極為精美的設施，有許多巨大而精美的房屋。

我抬頭向上看，大約有10層樓那麼高的地方有湧動的海水，似乎看不到玻璃之類的東西托住海水。海水就像天上的雲那樣浮在空中，有很多魚類在我們頭頂遊過，很神奇的感覺，是不是虛擬牆壁托著海水？

陽光從晃動的海水穿過，照射在地上，形成了許多晃動的花紋。有魚類遊過時，會把影子投射到地面上。

有一次，我在睡夢中，夢中回到了老家，又幹起來老本行，去抓黃鱔。

我看到一個像塑膠管道、很精緻的涵洞，裡面有許多黃鱔，涵洞不大，我趴著進去了，進去抓了很多，袋子都裝不下，我脫下了衣褲去裝。

突然感覺這些黃鱔變成了許多身材極度纖細的美女，身材像那次在海底遇到的蛇人，又像黃鱔、鰻魚與女人的合體。

紫色的泥漿世界

有一次，諾頓對我們說，要去一個地下泥漿世界去遊玩。

諾頓帶著我和微麗、蘇代爾，我們4個人，通過全球運動網，來到一處沒有房屋，樹木較多，有草地、沼澤的地方。估計仍然在果克星球上，如果要到別的星球我們肯定是坐飛碟過去的。

我們沒有直接落在地面上，而是處於空中，以站立巡航的姿態前行。估計諾頓他們是在尋找合適的地點下去。

地面上的樹木品種很單一，葉子寬大，上面有很多平行的條紋，顏色是鮮豔的黃綠色，看不到枯黃葉。

地面的草都是圓圓的大葉子居多，顏色都是很鮮豔，沒有一片枯葉，沒有細細的尖葉草。

地面上有許多像田埂形狀的土路，一圈一圈的，圍成了一塊一塊的沼澤地，沼澤地是很深的紫色。上面密密麻麻的分佈了許多小洞，洞口直徑大約5公分，洞口周圍凸起了一個環形泥漿圈，呈現出淡淡的紫色。

諾頓和微麗他們，從空中直接跳入到泥漿洞口中，在接觸泥

泥漿圈，作者手繪

漿洞口的時候，他們身上的虛擬衣服突然消失，呈現了裸體，一閃而過，就消失在泥漿中。

我不敢直接跳入洞裡，擔心窒息而亡。我落在沼澤地周圍的土埂上，沿著土埂走了一會兒，我伸腳試一試紫色泥漿，感覺和我們地球上的爛泥是一樣的。

我站在一個泥漿洞口附近，在猶豫：能不能跳進去？

這個時候，全球資訊網客服可溫告訴我，可以跳進去，不用擔心進去會窒息，全球運動網會自動注入血氧到我的身體裡。

我放心的跳入洞裡，滑行中，感覺泥漿很細膩光滑，沒有一個砂粒、小石塊摩擦我的的身體，而且泥漿的溫度和我身體溫度差不多，我就放了心，逐漸加快了滑行的速度。

泥漿洞是傾斜的，很長，我最終滑行到一個很大的洞中，裡面有光線，洞裡一切仍然呈現淡淡的紫色。

我抬頭看，我剛才滑行的小洞就在我的頭頂上，許多泥漿懸掛在小洞口，這些泥漿稀爛的，呈現糊狀，要在我們地球上，肯定要流淌下來，果克星人可能用全球運動網控制住，不讓其落下。

我落到的這個大洞，大致呈現水準狀，大約有3、4公尺高，5、6公尺寬，很長，洞的兩端都看不到盡頭。

我想在大洞中行走，但是，洞底不平，呈現鍋底形，且有許多泥漿堆積著，極度光滑，很難正常行走。在可溫的提示下，我躺下滑行，感覺行走很順暢。

可能是得到了全球運動網的幫助，我心裡想朝那個方向，就自動的朝那個方向滑行，都不需要我用力。就是爬坡，也不費力，仍然很順暢。

在滑行中，看到了大洞中有許多岔洞，洞口有大、有小，有的在頭頂，有的是在側面，有的是在下面。我沿著下面的一個洞鑽進去，看到下面仍然是一條水準的大洞。可溫告訴我，下面還有水準大洞，總共有幾十層。

在可溫的指引下，我再一次回到了第一層大洞裡。

我沿著第一層大洞，慢慢的在其中滑行，後來到了一個地方，有著巨大的空間。在淡紫色的光線下，呈現了一個光陸怪異的世界。

許多奇異的植物，呈現淡淡的綠黃色，夾雜做周圍淡紫色的背景光線，植物從中，有各種各樣的動物，也有許多像蛇形那樣的人在泥漿中游走、滑行，我仿佛來到一個怪異的世界。

可溫告訴我，果克人來這裡長期生活，可以把自己本來的身體保存在時空冰箱裡，換一種蛇人形身體來地下泥漿世界中生活，因為這種蛇形身體，在泥漿中鑽進鑽出、行走，很方便，如果是短期來此地生活的，一般不換身體的。

我果然看到了許多蛇形身體的人中，有許多常見的果克人的身體。這些蛇形人和果克人，都是赤身裸體的，沒有虛擬衣服在身上，只是，他們身上沾了很多紫色泥漿，赤身裸體的顯得不是那麼的難看。我看看自己，身上的虛擬衣服也消失了。

我抵近看看這些蛇形人，身材和那些海底蛇人差不多，

這些蛇形人的身材和蛇一樣細長，比例和蛇、黃鱔都差不多，腰極度纖細，有雙手但沒有腿，或者說兩條腿是連在一起的，尾部就像蛇和黃鱔那樣的尾巴。

有的人長著兩條長長的、尖尖的細小乳房，有陰部，有的人手掌像魚的尾巴。

拜見果克星科學家

諾頓提議我們去拜訪果克星球一個大科學家，名字叫列文（讀音），就像我們地球上的愛因斯坦那樣出名，這個人對果克星球的科學發展起到了至關重要的作用，他的主要貢獻是在物理學、數學、哲學上，在果克星系有著巨大影響力。

有一次，諾頓預約了列文，我和諾頓、蘇代爾、微麗通過全球運動網，一起去果克星球的一個科學交流中心去拜訪列文。

我們一行在果克星球科學交流中心的一個房間裡等待列文的到來，列文還沒有到，諾頓他們就議論起列文，從他們談話中得知他們非常崇拜列文。

「我以前和列文通過全球資訊網交談過，但是，一直沒有機會見到他本人，上次，我把前哥的資料發給他，他才答應這一次見面。感謝前哥，給我們帶來這一次見面機會。」

看來諾頓對列文很崇拜，微麗和蘇代爾在談話中，也對列文很崇拜，只有我流露出無所謂的態度。

不久列文突然出現在我們面前，從長相看列文很普通，和諾頓他們身材差不多，面相很和善，只是眉毛好像是畫的，黑黑緊緊巴在臉上。而普通果克人眉毛短、窄、淡，很多人根本就看不到眉毛。

諾頓他們都站起來迎接列文，在這個方面和我們地球人的行為差不多。

諾頓、蘇代爾和列文都是右手按住胸口，伸出左手臂輕輕拍著對方的肩膀，看來這個可能是他們見面的禮節。

不過，列文似乎沒有什麼大科學家的架子，不久和諾頓他們熱烈交談起來。

諾頓、蘇代爾似乎有很多話題想和列文談，但是，今天，列文的興趣全部在我的身上，列文問諾頓：

「你們把這個叫前哥的地球人帶到果克星球來，是出於什麼目的？」

「前哥小時候在室外的田野上，遭遇了一些特別高級文明的外星人，他們的文明程度可能要超過我們果克星球百萬年，有可能上億年。」諾頓回答，

「這些特別高級文明的外星人，在接觸前哥的時候意識侵入了前哥的大腦。前哥擁有了這些特別高級文明外星人的部分記憶，我們已經在前哥大腦上做了實驗，把前哥這些記憶記錄下來，以後我們將慢慢地分析這些數字。」

「這些高級外星人遇到前哥，你們是怎麼知道的？」列文問道。

「我們幾個人都是全球資訊網上『研究地球人』部落論壇成員，我們很早就建立一套監視地球人的系統，」諾頓說，「一旦有別的外星人接觸地球，我們的設備可以迅速獲得資訊，並且自動跟蹤記錄資訊。」

「你們幹得不錯，你們在用場掃描前哥大腦，發現了高級外星人留下的意識資訊中，有沒有他們關於宇宙更新、更深刻的認識？」列文問。

「我們目前只是記錄了前哥腦部意識資訊，還沒有對這些數字詳細分析，這個工作下一步做，運氣好的話，可以獲得許多有價值的資訊。」諾頓回答。

「就現在的機會，你可以向他提問與宇宙奧秘有關的問題。」蘇代爾對我說。

「宇宙是怎麼來的」？我問。

「這個問題提問本身是錯誤的，宇宙本來就存在，宇宙沒有開始，沒有結束。宇宙是沒有年齡概念的，時間只是人周圍空間光速發散運動給人的感覺，沒有人這個觀察者，是不存在時間的，也沒有先後。」列文說。

蘇代爾說。

「你們地球上科學家認為宇宙誕生於150億年前的一次大爆炸，這種看法是錯誤的。宇宙局部地區，星體相互吸引、收縮，形成了密度很高的星球，最後遇到其他星球的碰撞，獲得了足夠的動能後發生大爆炸，形成了星雲，這個星雲最後又演化為星系，宇宙局部地區就這麼周而復始的演化。你們地球上的宇宙大爆炸理論只能適用於宇宙局部地區，說整個宇宙起源於一次大爆炸，則是完全錯誤的。」

「那宇宙最深刻的奧秘是什麼？能不能一句話講出來？」我問。

「前哥問的就是宇宙終極定理，宇宙最高法則。」蘇代爾說。

列文說，

「在我看來：宇宙是由物體和周圍的空間構成，其餘統統不存在，沒有第三種與之並存的東西，其餘都是我們人對物體運動和物體周圍空間運動的一種描述。

「以上就是宇宙根本法則，是宇宙最深刻的、最至高無上的法則，沒有比這個更加高級的了。這個也是所有宇宙星球的文明人對宇宙最深刻的認識，無論多麼高級的星球文明，對宇宙的認識深度到此為止。

在所有宇宙文明星球上，首先擁有這種認識人都可以算是神級別的。值得一提的是，前哥你們地球上一個最著名的科學家，也認識到了這個宇宙根本法則。」

「是愛因斯坦吧？這個人在我們地球上是最出名的科學家。」我說。

「不是愛因斯坦，他叫伽利略，伽利略曾經說過，『我們五官感覺到的物理世界的存在是虛假的，真實存在的是背後的幾何世界』，幾何世界就是由物體和空間構成，伽利略說出這樣的話，表示他已經認識到了宇宙真實存在的只有物體和空間，而物理只是我們人對物體運動或者空間運動的描述而已，脫離了人，物理世界是不存在的，但是，幾何世界仍然存在著。

宇宙有兩個，一個是我們眼前看到的宇宙，另一個是背後真實存在的宇宙。我們眼前看到的宇宙很複雜，但存在是虛假的，這種複雜是我們對物體和空間運動的描述而形成的，而背後的宇宙很簡單，就是由物體和空間構成的。

你看到的顏色，聽到的聲音，感覺到的熱，一切都是你描述出來的，離開了人，是不存在的。

在別的文明星球上，都是科學發展到一定程度的時候，星球上的人才能夠認識到以上的宇宙根本法則，但是，你們地球上的伽利略很是意外，在你們地球上科學不發達的時候，盡然能夠說出了這樣的話。

據說你們地球上的物理學起源於伽利略，等你們地球人真正明白伽利略的『物理世界的存在是虛假的』這句話時候，你們地球人可能感歎到：物理學起源於伽利略，又結束於伽利略。

宇宙的最高法則屬於物理學的範圍，物理學就是描述運動的，認識了宇宙最高的法則後，物理學的深度到此為止，但是，數學不同，數學沒有最高法則，我們發現，對數學的認識是沒有止盡的。

伽利略能夠認識到這一點，如果不是高級外星文明的指點，那我只能認為他是宇宙中的神。」列文說。

「我們現在計畫把前哥打造成這樣的神，」蘇代爾說，

「我們計畫用場掃描技術把某些基礎科學理論，尤其是與時間、空間、場本質有關的科學理論輸入到前哥的頭腦中，前哥將來是地球上的神，而我們是這個神的創造者，活活！」蘇代爾得意的笑。

「那你們如何通過『星際協議聯盟』這一關？『星際協議聯盟』要求每一個低級文明訪問高級文明星球的人返回的時候，與科技有關的記憶都要刪除，尤其是與時間、空間、場本質的有關的記憶他們更加不會放過的。」列文說，

「在宇宙有人的文明星球中，場的本質的破譯是一個轉捩點，因為場的本質的破譯，意味著人工場掃描、全球運動網的瞬移、光速運動飛碟、免費能源、可以治病的人工資訊場、意識掃描存儲的長生不老技術等不久將會實現，這些技術雖然可以極大的改變人的生活品質，但是，也可以剎那間把整個星球的人殺掉。

比如人工場產生的瞬移技術，我們設定一個把人群的頭部移走的程式，一開人工場瞬移設備，人群就統統身體與頭分家了。

某些星球上人群的道德發展滯後於科技的發展，這種事情發生的可能性是很大的。對那些喜歡打打殺殺的星球人群來說，『星際協議聯盟』這樣做是有他們的道理的。」

「這個，我們做了長期的研究，有辦法對付『星際協議聯盟』的檢查。」諾頓很自信地說，

「我們努力使前哥把與場有關超前科技傳到地球，使前哥成為地球上的『列文』。」

「活活，地球人掌握了場的秘密，進入了一個到處看不見的力在發揮作用的虛擬時代，進入光速時代，進入宇宙星際文明時代，背後是你們諾頓、蘇代爾、微麗幹的好事情！」列文大笑。

「前哥在地球上成為大名人，我會再次坐飛碟去看你。」微麗說。

「如果我在地球上默默無聞，你就不想來看我？」我對微麗說。

「那我不知道哎，也許有可能，我仍然會去看你的。」微麗說。

「就算你們把與場有關的科學理論通過場掃描技術輸到前哥大腦中，你們確信前哥能夠理解這些知識，回到地球上，能夠把這些知識在地球上傳播起來？前哥有這個能力嗎？」列文說，

「要成為一個大科學家，需具備三個條件，1.聰明，2.智慧，3.正直，聰明和智慧是有區別的，聰明主要是人對知識的接受、理解和表達的速度，而智慧是人對獲得的知識的加工，運用和總結、提升再創新，智慧顯然比聰明重要。

人的正直品性也很重要，可以把真理堅持下來，聰明和智慧只能保證發現、領悟真理，正直的品性可以使人堅持追求真理。」

「我們對前哥長時間監測，他具有這三個品性。」諾頓說。

「在我們地球上，我好像看到一本雜誌上說，自然界核心秘密隱藏在時間裡，人類如果破譯了時間的本質，就掌握了宇宙的核心秘密，怎麼你們說宇宙秘密隱藏在場的本質中？我有些不理解。」我說。

「宇宙的核心秘密其實隱藏在空間中，場的本質就是以圓柱狀螺旋式運動的空間，所以，也可以說宇宙的核心秘密就隱藏在場中。

宇宙中任何一個物體，當然也包括我們人這個觀察者的身體，周圍的空間都以物體為中心、以光速向四周發散運動，空間這種運動給我們觀察者這個人的感覺就是時間。

時間、場、品質、電荷、速度、光速、力、動量、能量、熱、聲音、顏色——這些都是我們觀察者對物體在空間中運動和物體周圍空間本身的運動，所描述出來的一種性質。

宇宙的核心秘密就隱藏在空間中，其實就是隱藏在空間的運動中，認識到空間本身在運動，是最為關鍵的。」

列文繼續說。

「那宇宙中物體為什麼要運動？是不是受到了力的作用？力又是什麼？」我問。

「宇宙中一切物體的運動的原因，都是空間本身運動造成的。力可以看成是物體和空間的運動狀態的改變程度。」列文回答了我。

「噢，物體運動是空間運動造成的，那空間為什麼要運動？」我又問。

「物理只是我們人對幾何世界的描述，所以，物理上一種狀態，總可以找到相對應的幾何狀態，」列文說，

「幾何中的空間三維垂直狀態，就是過空間任意一點最多可以作三條相互垂直的直線，經過我們人大腦的分析、計算、描述，這麼一加工，就是物理上的運動狀態。

任何一個處於三維空間垂直狀態中的物體其所在的位置，相對於我們觀測者一定要運動，並且不斷變化的運動方向和走過的軌跡又可以重新構成一個垂直狀態。

這個就是物體和空間運動的背後原因，力是物體和空間運動狀態改變程度，你用力去解釋物體和

空間為什麼要運動，你的認識就不夠深刻。

運動的本質是人對空間垂直狀態的描述，脫離我們觀察者，是不存在運動狀態的，也不存在靜止狀態，討論是運動還是靜止的，是沒有意義的。」

「呵呵，你這個話我好像聽不懂，不能理解。」我尷尬的說。

「你聽不懂是很正常的，這個解釋了宇宙萬物和空間為什麼要運動的問題，屬於宇宙核心秘密之一。」蘇代爾對我說。

「我在書上看到，有人說空間是三維的，就是過空間一個點，最多可以作三條相互垂直的直線，那空間為什麼是三維的？」我問。

「在宇宙中，小到電子、質子，大到地球、月球、太陽、銀河系——所有的自由存在於空間中的物體都以螺旋式在運動，包括空間本身也是以圓柱狀螺旋式在運動，這個就是我們所生活的空間是三維的原因。」列文繼續說。

「相對於我們人，空間時刻以圓柱狀螺旋式在運動。直線運動構成了一維空間，在一個平面上旋轉運動構成了二維空間，旋轉又在旋轉平面垂直方向直線運動的是柱狀螺旋式運動，柱狀螺旋式運動產生了三維空間。

我們生活的空間是右手螺旋空間，就是我們用右手握住螺旋空間，四指和螺旋式的環繞方向一致，則大拇指方向直線運動方向，圓柱狀螺旋式運動，是旋轉運動和旋轉的平面相垂直的直線運動的合成。」

「那有沒有左手螺旋式空間？」我問。

「天然的是沒有的，只有人工製造，天然的左手螺旋空間，也就是物體周圍空間以左手螺旋運動的話，和普通物體周圍以右手螺旋運動的空間接觸，會相互排斥，在宇宙億萬年的演化中被排斥到宇宙的邊緣，宇宙中就是存在了左手螺旋空間，我們也是無法發現到的。」列文回答。

「關於運動，你們地球上的科學家還不能認識到，物理學中運動狀態的描述不能夠脫離我們人。」蘇代爾插話。

「運動狀態來自於我們人的描述，是我們觀察者對物體在空間某個位置肯定……到否定……再到肯定……再到否定……再到肯定……再到否定……這麼一個過程。」

列文補充道，「運動狀態是我們觀察者描述出來的，當然，靜止狀態也是我們觀察者描述出來的。如果沒有觀測者，或者不指明那一個觀測者，運動狀態是不確定的，靜止狀態也是不確定的，描述運動或者靜止都是沒有意義的。」

「品質、電荷、場、力、動量、能量……這些概念對於理解宇宙的本質，也是很重要。」蘇代爾說。

「品質只是物體周圍以光速運動空間的位移的條數。

正電荷是物體周圍在單位時間裡，以光速向四周發散運動的空間位移的條數。

負電荷是物體周圍在單位時間裡，以光速從四周無限遠處的空間向負電荷彙聚運動的空間位移的條數。

正電荷和負電荷周圍空間仍然在以圓柱狀螺旋式運動，都滿足於右手螺旋式，只是正電荷向四周發散運動，負電荷向內收斂運動。

能量也是反映了物體在空間中運動程度和物體周圍空間的運動程度。」

列文接著給我講解，

「你們地球上的動量是品質乘以速度，我們果克星上的動量概念，是向量光速減去物體的運動速度再乘以品質。向量光速方向是可以變化的。

我們的動量概念為什麼比你們地球上動量概念多出一個向量光速？原因就是你們地球人沒有認識到物體靜止的時候，周圍空間總是以向量光速在向四周發散運動。

將這個動量公式對時間求導數（直接翻譯他們的話，是求變數），得出4種力，第一種是品質隨時間變化再乘以向量光速，這個電場力，第二個是物體品質隨時間變化再乘以運動速度的力，這個是磁場力，第三個是向量光速隨時間變化再乘以品質的力，這個是核力，第四個是運動速度隨時間變化再乘以品質的力，這個力是萬有引力，也是你們牛頓力學的慣性力。

這個就是你們地球上科學家愛因斯坦苦苦追求的把宇宙4種力寫在一個方程裡的大統一方程。他苦幹了幾十年，都沒有成功。」

「你們地球上的科學家還搞不清楚發光的本質，不知道光子是什麼。」蘇代爾說。

「光子就是加速運動的負電荷產生了反引力場，使一些電子品質和電荷消失，變成了激發態，以光速運動。光子的粒子性，是因為光子是由電子激發變成的，光子的波動性是因為空間本身的波動，空間時刻在波動，是橫波，並且疊加圓柱狀螺旋式運動，波動速度是光速，光子是靜止在空間中，隨空間一同運動。」

列文接著說，

「光子一般有兩種模型，一種是一個激發電子，以圓柱狀螺旋式運動，直線運動部分是光速。另一種是兩個激發電子，繞同一條直線作為軸線對稱旋轉運動，並且沿著旋轉平面垂直方向的直線以光速運動。」

「列文說的這些話你聽得懂嗎？」諾頓問我。

「只是理解一部分，但是，我記住了他的話，以後慢慢的可能理解一部分。」我說。

「我們將用人工場掃描技術，把以上這些知識，掃描到你大腦裡，你以後用到這些知識，自然就會從你腦海裡跳出來，我們的設計，不會讓這些知識一下地全部從你大腦中出現，那樣的話，你的大腦受不了。

你以後會在使用中逐漸掌握這些知識，這些知識，對於你們地球人非常重要。」諾頓說。

果克科學家談人的意識、靈魂、輪迴

我突然想起了一個平時很關心的問題：「我們地球上人死了就什麼都沒有了嗎？人的死了再投胎，生命輪迴是不是真實的？」

「你們地球上以及宇宙中任何一種人類，死亡都不是真正的死亡，你們地球上人的投胎轉世，生命輪迴是真實的，在宇宙中，很多星球上人的生命輪迴都是真實的。」諾頓回答我，

「人可以分為兩部分，一部分是人的身體，一部分是人的思想意識，人的思想意識是人大腦中帶電粒子的運動形式，其本質屬於資訊，可以用資訊的量來表示。

如果說你們地球人的意識有多少品質、體積、能量，這個就荒唐了。

人的身體可以死去，腐爛，而人的核心——思想意識是一種運動形式，本質上屬於資訊，不會死亡，更不會腐爛，可以在宇宙中反復的出現。而宇宙的核心法則是：要把一切運動形式、一切可能性、一切資訊給反覆地、無限次地表現出來。

這個就是你們地球人生命輪迴是真實的原因，原因就是這麼簡單。

你們地球人在地球上從出生到死亡，只是無數個生命輪迴其中一段而已。有可能是你們地球人將要死亡的時候，才可能能夠隱約意識到這一點。

你們地球人這種輪迴是反覆的輪迴，人有前世，前前世……有後世，後後世……，你們地球上每

一個都是這麼反覆的、無窮無盡的輪迴轉世。

輪迴不是一兩個人的特殊情況，你們地球上的動物，在宇宙其他有人的星球上，在他們沒有掌握長生不老技術的時候，都是和你們地球人一樣在輪迴的，情況都差不多。」

微麗說，「前哥，你知道你的前世是什麼？後世是什麼？」

「不知道哎，這個我哪知道？」我說。

「那人的靈魂是什麼？」？我又問。

「你們地球人的思想意識大部分都是相同或者相似的，其中關鍵的五分之一是不同的，人的靈魂是思想意識的一部分，是人思想意識中最核心部分，大約占1/5，一個人區別於另一個人，關鍵就是靈魂的不同。人的身體是次要的，身體只是靈魂的載體。」諾頓給我解釋。

「人的大腦帶電粒子可以對周圍空間施加擾動，使周圍空間波動起來，這種波動可以把人的意識資訊包含在其中，並且以波動形式把這些資訊以光速向四周傳播開來。」

列文說著，用手一揮，空中出現了一個三維虛擬影像，圖像是一個人頭周圍許多像光一樣的東西，向四周發散運動著，列文繼續說，

「所以，人的思想意識資訊可以通過空間的波動形式而表現出來，也可以永遠的保存在空間裡，永遠不會消失。人的靈魂是思想意識的一部分，同樣可以在人周圍空間的波動形式中表現出來，人的靈魂波是真實存在的，靈魂具有波動性，是靈魂的一個重要特點。

光速運動的三維空間，沿運動方向一維空間長度縮短為零，變成了二維空間。二維空間由於和宇宙任意一處三維空間存在著零距離，一個人的靈魂資訊可以剎那間到達宇宙任意一個區域。空間中光

速傳播的資訊，實際上是存在於二維空間裡。

三維空間中分佈的資訊，也可以完整的保存在二維空間中。

資訊的本質就是物質的運動形式，不是物質本身，也不是物質的組成部分。

宇宙中任意一處空間可以包含整個宇宙今天、以前、以後所有的資訊。這個是我們宇宙空間資訊場理論中最重要的全資訊和子資訊概念。

你們地球上有預言家能夠預言未來，原因都是任意一處空間隱含以前、以後所有的資訊，這些預言家有捕捉空間裡隱藏的未來資訊的能力。

由於時間是我們人這個觀察者對周圍空間光速發散運動的感受，沒有人就不存在時間，也沒有先後，如果沒有人這個觀察者，宇宙中億萬年前、億萬年後，所有的資訊都可以重疊在空間一個點上。

空間不但能夠儲存資訊，還可以傳遞資訊。空間傳遞資訊可以從一個點，把一個資訊包裡整體的資訊向四周傳播，你在一個地方接受到通過空間傳遞過來的資訊，再換一個地方去接受，是沒有任何區別的。

也就是說，空間傳播的資訊，在任意方向內容都是一樣的。

資訊和物體不一樣，資訊可以在空間中重疊，而物體不可以在空間中隨意重疊。資訊的不同的主要是結構，而物體的不同，是體積、長度、品質這些因素決定的。」

宇宙空間中包含了無窮大的資訊，資訊就是運動形式，運動形式也就是可能性。宇宙無窮大的資訊，也表示宇宙包含了無窮無盡的可能性。

而宇宙的核心法則就是：宇宙要把一切可能性反覆地、無限次地給表現出來。

無論是多麼詭異的事情、無論思想上是多麼怪異的人，無論是多麼特殊的靈魂，你能夠想到的一切，你不能夠想到的，終究都會在宇宙中出現，而且是反覆地、無限次地的出現。這個也是宇宙資訊無窮大的必然體現。

任何一個荒唐、怪異的事情，在未來總是要發生，只是發生的早遲而已，或者說在某一段時間裡出現的概率大小而已。」

列文以上的話，我難以理解。

「我們地球人投胎轉世的時候，投胎到哪兒，能不能投胎到你們果克星球？」我問。

「沒有這種可能，我們果克星人已經能夠長生不老，你們地球人是不可能投胎輪迴到我們果克星球上的，不過投胎到別的落後星球，倒是有可能的。」蘇代爾說。

「人的生命真的能夠輪回迴，那我們地球人是不是就不需要害怕死亡了？」我問。

諾頓回答，

「死亡，造成了你們地球人的記憶的完全丟失，對人的傷害是最大的，是別的因素無法相比的。人的靈魂是先天的，好像是一個倉庫，記憶是後天的，好像倉庫裡堆放的貨物，記憶一點一點地增加，如同倉庫的貨物在一點一點的累積。記憶的丟失，如同貨物的丟失。

當人死亡了，靈魂雖然可以保存在空間中，但是，記憶完全丟失。如同倉庫轉移到另一個地方，所有的貨物都丟失了。」

「你們有沒有辦法知道我的前世？」我問。

「我們有辦法能夠知道你前世的一些資訊，也能夠知道你後世的一些資訊。」諾頓對我說，

「宇宙任意一處空間包含了整個宇宙以前、以後、現在所有的資訊，自然也就包括你的前世、後世的資訊。這個是我們的宇宙空間資訊場概念最重要的一個定理。

我們用人工場掃描空間，通過破譯空間中的資訊來瞭解你的前世資訊和後世資訊，我們可以預測你回到地球，大致的生活經歷。

你可能奇怪，我們能夠了解你前世的資訊，畢竟前世的事情已經發生了，可是，你的後世的資訊，還沒有發生，怎麼能夠預測？

其實這個與時間的本質有關，時間是我們人對自己周圍空間光速發散運動的感受。沒有了人這個觀察者，億萬年前，億萬年後，所發生的一切資訊其實都是重疊在空間一個點上。反過來，從空間一個點上，理論上將可以破譯宇宙一切資訊。」

列文接著說，

「不過，具體實施起來，難度很大。我們果克人通過破譯空間中隱藏的資訊可以預言未來，是我們星球上目前最前沿的科學研究，投入的資源是最多的。我們果克星球最優秀的數學家、物理學家參與其中，正在研究這個，所需要的基礎知識，物理方面需要宇宙資訊場理論，數學上需要很多種理論，主要是趨勢分析。

我們使用的趨勢分析，和你們地球上微積分類似。

但是，趨勢分析比微積分涉及的範圍廣，在處理除數為零的情況下，分析以那種方式趨於零的，誕生了許多數學分支。趨勢分析還通過放大、縮小來類比，對結果做出預言。

當然，趨勢分析最主要的是對未來做出預言，這個也是這種數學叫趨勢分析這個名字的原因。」

「我們對空間中隱藏的資訊的研究，不僅僅是可以找到你們地球人前世和後世的靈魂，還可以得到你們地球上唐朝、宋朝真實的影像資料。如果我們果克人和你們地球人正式接觸，肯定把這些資料給你們地球人看，你們就可以了解自己真實的歷史。」蘇代爾有些得意的說，

「我們的果克人，在你們古時候就來到你們地球，拍照了許多真實的影像資料。但是，還沒有我們通過破譯空間中隱藏的資訊，獲得的影像資料全面。」

「那你們什麼時候和我們地球人正式接觸？」我問。

「你們地球人只要造出光速飛碟來，我們就可能正式接觸。」蘇代爾說，

「那時候，就是我們果克星球人不正式接觸你們地球人，也有別的高等級文明星球的人正式接觸你們，他們可能會覺得你們地球人有資格和他們對話了，而且，你們地球人駕駛光速飛碟，在宇宙中到處跑，大家肯定會突然碰面的，不如早早就正式接觸，彼此有一定的了解和溝通。」

回家

終於，諾頓對我說起了送我回家的事情，在果克星球這些天的見聞，感覺很新鮮很刺激，感覺很棒，要走了，真的很傷感。

更傷感的是他們計畫讓蘇代爾和諾頓駕駛飛碟送我回去，微麗為什麼不送我回家？諾頓解釋說，是微麗自己不願意送我，為什麼啊？微麗怕分手時候自己心裡難過承受不了？

我把自己想得太高大了吧？或許是諾頓他們的安排，故意找藉口。

諾頓他們為我回家在做準備，諾頓好像對「星際協議聯盟」很在意，他在認真地做功課，交代我怎麼做，才可以躲過「星際協議聯盟」的檢查，把與場相關的超前科技帶回地球，可是我自己對此卻是無所謂的態度，只是很想念著微麗，對他們的安排心裡不滿，但也是無奈。

諾頓打開一個電腦，電腦的虛擬螢幕出現了我的身影，赤身裸體的一個人躺在一個房間的床上，一個人走進房間，這個是穿著連體衣服，連頭都罩住，後腦勺一根粗大的黑色的管子連在屁股後面，拿著一個話筒一樣的東西對著我的頭，自己盯著一個小的電腦虛擬螢幕看。

諾頓說，「這個是他們自己帶的掃描器，可以掃到你腦部的一些意識資訊，『星際協定聯盟』要我們把你一些果克星球的見聞記憶刪除，他們只是檢查，如果仍然有殘留，他們自己就刪除，或者要求我們重新刪除。

他們用這個東西照射你頭部，就是在檢測你頭腦中有沒有殘留果克星球見聞記憶。你頭腦中不斷出現這樣的畫面：有一個黑色的方框子，中間突然強光閃一下，這個是在深度檢測。

我們現在有辦法對付他們這種檢測，我馬上給來你頭腦中一段連續的意識活動畫面。」

諾頓叫來兩個美女，雖然個子也是一公尺高左右，但是，很漂亮，長相甜美溫柔，感覺比微麗還要漂亮，和我們地球人的臉部很接近，腰很纖細，兩腿之間沒有鼓囊囊的東西。身上皮膚的顏色也接近我們地球人顏色，不像果克人皮膚那種常見的粉白色夾雜著一些青綠色。

諾頓說，「這兩個人是我們重點開發的特殊功能人，她們可以催眠你，可以通過空間來控制、影響你的腦部意識資訊。」

果然，我不久就覺得睡意襲來，在睡夢中，開始還能夠知道身邊坐著兩個美女，可是馬上，我就覺得自己回到了地球老家，而且感覺很真實，身邊的兩個美女不知道怎麼一回事情，一個變成了我的母親，一個變成了我的妻子，兩個和睦相處，她們做飯、洗衣服、種菜、養雞鴨，幹農活，我砍柴，下水抓魚，種莊稼。

有時候，頭腦畫面中斷，隨後又連接上。

等我醒來，兩個美女仍然坐在我身旁，諾頓指著一個電腦虛擬螢幕，問我剛才是不是做著這樣的夢？我驚奇的看到虛擬螢幕出現的場景，和我做夢是一模一樣的。

「是的，和我剛才做的夢是一模一樣，太神奇了。」

「好的！」諾頓後退一步，握緊雙手用力向上一揮，「這個正是我要的結果。」

隨後，諾頓和兩個美女都離開了。穿著連體衣服的『星際協議聯盟』的人來了，用一個話筒一樣的東西照射我頭部，果然不久我的頭腦中不斷的出現黑色的方框子，方框子中間強光快速地閃一下。同時，兩個美女變成我妻子和母親的畫面又在我腦海中出現。

一切很順利，『星際協議聯盟』的人走後，檢測結束的時候，我仍然沒有醒來，當我聽到「區圖300飛船啟動自動駕駛模式——，」的聲音，我知道我已經踏上返航的路程，返航沒有意思吧？去果克星球是充滿著期待和好奇，要回到地球的沒有意思的日常生活了。我不想睜開眼睛，就這麼躺著。

突然我聽到女人說話的聲音，發出銀鈴般的笑聲，我睜開眼睛，看到蘇代爾和諾頓認真地看著虛擬螢幕。

笑聲就是之前陪我兩個美女，現在她們跪在我頭前，我的耳部好像接收不到翻譯資訊了，我好奇的看著她們。她們仍然在笑，說著我聽不懂的話。

她們一個人用手畫一下，一道虛擬屏障把我們和諾頓他們隔開，我的耳部突然又接到翻譯了。

在睡夢中，我也不知道自己是怎麼回到家的，我醒來的時候，光著身子躺在自己房間的床上，看著窗子我知道天亮了，我想起床，怎麼也找不到內衣和內褲，只好在櫃子裡重新拿一套。

走到堂屋，聞到地上每天都有的鴨屎的味道。母親在做早飯，還沒有把關在堂屋裡的鴨子放掉。

我走出大門，感到周圍本來很熟悉的環境似乎變得陌生、不一樣了，像在外面生活了很多年回到老家的感覺。

看到鄰居女孩，我問她今天是幾號，她停下了手裡的活，扭過身體很認真地回答我，內容卻是：

「不知道。」

附錄 揭秘外星人的飛碟之謎

對於外星人的飛碟到底是怎麼一回事，在這裡為大家說一下，滿足一下大家的好奇心。

1.飛碟到底是什麼？

很多不明飛行物（簡稱ＵＦＯ）呈現兩個倒扣的碟子形狀，因而形象的被稱為飛碟。

全球眾多的飛碟目擊事件中，有部分飛碟的確就是外星人的星際飛船，從這個星球飛到另一個星球，外星人用的就是飛碟。

外星人從遠古到現在，經常駕駛飛碟來地球。

2.外星人在他們自己星球上也用飛碟嗎？

在高度發達的外星球上，他們的主要交通工具不是飛碟，而是全球公共運動網。

全球運動網主要由無線互聯網、類似於ＧＰＳ的定位系統、懸浮在他們星球上空的人工場掃描發生器組成。

一個外星人想從Ａ地到Ｂ地，只要有一個上網設備，或者通過大腦內置連結網路（外星人的大腦可以直接和互聯網無線連結），把自己的運動請求通過無線互聯網發給人工場掃描發生器，人工場掃描發生器確認身份後，對這個外星人照射一下，這個人立即就在A地消失，B地瞬間出現。

無論A和B相隔多遠，在全球範圍內，這個過程不會超過一秒，並且運動者感覺不到這個運動過程的。

而且外星人在密封的房間裡不用開門，都可以瞬移出去，這個在我們地球人看來是不可思議的事情。

全球運動網是一種虛擬運動網路，快捷方便，使用者什麼都不需要攜帶，人又不需要等待，又可以攜帶物體（品質不是特別巨大），一秒鐘內可以隨意的出現在全球任何地方。而且全球百億人可以共同使用一個全球運動網。

在他們自己的星球上，他們都是利用全球運動網來出門旅行的。

但是，全球運動網作用範圍只能在一個星球上，從一個星球跑到另一個星球，他們用的就是飛碟。全球運動網的運動原理和飛碟是一樣的，他們叫加品質運動。

3.外星人飛碟的飛行原理是什麼？

外星人飛碟飛行原理簡單講是一句話：

宇宙中任何物體，只要使其品質變成零，在變成零的剎那間就突然以光速運動起來。

外星人的飛碟採用的是加品質運動原理。加品質運動就是物體的品質隨時間變化的運動過程。品質不僅可以變大，也可以變小，之所以說是加品質運動，是為了和加速度運動相對應，我們知道，加速度不僅是速度的增加，也包含了速度的減少。

這種運動方式和普通加速度運動截然不同，普通加速度運動是運動的物體品質不變，速度在連續變化。

而加品質運動是品質連續的變化，速度不變。速度不是絕對的不變，而是在零速度的情況下，品質為靜止品質，以後，品質一直減少，但是，速度仍然不變，一旦品質減少到零，物體可以從零速度突然變化到光速。

比如，一個飛碟在相對於我們靜止時候，品質為5噸，飛碟起飛的時候，首先位置和速度不變，品質在變化，就是做加品質運動。

飛碟的品質在逐漸的減少，由5噸，變成4噸，變成3噸，變成2噸……一直減到零，飛碟的品質只要變為零時，就一定自動的突然以光速在空間中運動。

有人認為外星人飛碟品質變成零以後，再用力加速，這個看法是錯誤的，飛碟一旦品質變成了零，就自動的突然以光速運動起來，不需要再用力加速，並且以後一直可以以光速慣性直線運動下去，直到有某種原因，讓其改變時空狀態，才可以結束這個運動過程。

飛碟受的是加品質力，只是改變飛碟的品質，而不是直接改變飛碟的速度。

加品質這種運動方式，速度的變化是不連續的，屬於一種突變。

飛碟這種運動速度的變化就是突變，和光照射到玻璃上，被反射回來的速度變化類似。

外星人所掌握的基礎理論認為：

宇宙中任何一個具有品質m'的物體o點，相對於我們觀察者靜止時候，周圍一個空間點p（為了描述空間本身的運動，我們把空間分割成許多小塊，每一個小塊叫空間點，通過描述空間點的運動，就可以描述空間本身的運動）都以光速度C'（本文大寫字母為向量，以下等同。向量光速方向可以變化，模是標量光速c，c不變）向四周發散運動。

所以任何一個物體都有一個靜止動量

$P_{靜} = m'C'$

當這個物體以速度V相對於我們觀察者運動的時候，空間點相對於我們觀察者的向量速度方向發生了變化，我們用C來表示。

C和C'只是方向不一樣，但是數量，或者說是模，都是c。也就是：$C' \cdot C' = C \cdot C = c^2$。

令m為物體相對於我們以速度V時候的品質，那麼，我們是否可以用$P_{動} = mC$來表示運動動量？顯然不行，C是空間點p相對於我們觀察者的運動速度，運動動量應該是品質乘以空間點相對於物體o點的運動速度。

我們令空間點p點相對於o點的運動速度為U，則C是U和V的合成，也就是$C = U+V$。

所以，運動動量為：

$P_{動} = mU = m(C-V)$

牛頓力學、相對論力學中的動量$P = mV$只是上式中$C = 0$的一個分量。

靜止動量$m'C'$的數量$m'c$和運動動量mC的數量$m\sqrt{(1-v^2/c^2)}\,C$是相等的：

$m'c = mc\sqrt{(1-v^2/c^2)}$，

詳細的證明百度：統一場論6版，或者加張祥前微信索取。

上式告訴我們，物體靜止動量的標量 m'c 和運動時候的動量的數量 $mc\sqrt{(1-v^2/c^2)}$ 比起來沒有變化，變化的只是形式。

上式兩邊除以標量光速 c 就是相對論中的質速關係式，再乘以標量光速 c 就是相對論質能公式。

飛碟的飛行原理本質上來自於動量守恆。

物體的靜止品質和靜止時候周圍運動空間點的向量光速度的乘積 m'C'（可以看成是廣義動量）是一個守恆量。

當物體以速度 V 運動的時候，品質 m' 增加為 $m = m' / \sqrt{(1-v^2/c^2)}$，空間點的速度變成了 C-V。運動動量為 P動 = m(C-V)。

品質的增加是以速度（C-V）那部分減少為代價的，這個就是相對論質速關係的本質。

物體總的動量，無論是靜止動量 m'C'，還是運動動量 m(C-V) 都是守恆的。

在運動動量中，如果速度 C-V 那部分變成了零（也就是 V = C）的時候，m 為無窮大。

當飛碟的飛行速度為光速，按照以上所說，飛碟的運動品質 m 為無窮大，才可以保持飛碟的動量守恆。

如果無窮大品質（可以理解為很巨大，我們觀察者不能確定）不會出現，唯一地存在了另一種可能，飛碟的靜止品質 m'（就是和飛碟一同運動的觀察者觀察到的飛碟的品質）就一定為零。

如果一個物體相對於我們運動，和這個物體一同運動的另一個觀測者發現這個物體的品質為零（這個只是思想實驗，實際上光速運動的觀察者無法感覺到光速運動過程，感覺到的運動時間為零，無法測量）觀察者，則這個物體相對於我們的運動速度就一定是光速。

以上就是飛碟飛行的基本原理。

飛碟零品質會散了架嗎？

有很多人認為，飛碟品質變成了零，飛碟內部相互之間沒有結構力，豈不是散了架嗎？飛碟內部的觀察者，是不是覺得自己發飄？

飛碟品質為零，是一種相對論概念，就是我們地面觀察者看飛碟品質為零，飛碟內部觀察者看自己很正常，和平時沒有區別的。

當然，這個只是思想實驗。真正情況是，光速運動飛碟內部觀察者，認為沿運動方向空間長度縮短為零，運動時間為零，感覺不到這個運動過程。無論多遠，他只是感覺刹那間就到了。

有人走到了另一個極端，說飛碟品質為零是一種觀察者效應，飛碟本身品質沒有任何變化，只是我們觀察者觀察手段出了問題，觀察不到飛碟具有品質。

這種看法是錯誤的，在統一場論中，相對論中的尺縮、種慢、品質為零等相對論效應，既是觀察者效應，又是真實的效應，二者沒有絕對的區別。

因為統一場論核心思想是物理世界的存在是虛假的，宇宙真實存在的是物體和空間，其餘都是我們人對物體運動和空間本身運動的描述。一切物理現象只是觀察者的描述而已，除物體和空間外，一切物理概念，物理量都是人觀察描述出來的。

品質、空間長度、時間、動量、力、場這些基本物理概念，都是人描述出來的，肯定與人的描述有關，脫離人而不能獨立存在。

4.飛碟的動力學方程式

飛碟動力學方程式也是動量隨時間的變化率，將上面的動量式

$P_{動} = m(C-V)$

對時間 t 求導，就是比相對論、牛頓力學更普遍的動力學方程

$F = dp/dt$

$= (C-v)dm/dt + m\,d(C-V)/dt$

$= C\,dm/dt - Vdm/dt + m\,dC/dt - mdV/dt$

其中的 $-mdV/dt$ 是牛頓第二定理中慣性力，也是萬有引力，二者本質都是因為物體的加速度運動而產生的。

$m\,dC/dt$ 是核力。

$(C-V)dm/dt = Cdm/dt - Vdm/dt$ 是品質隨時間變化的力，又稱加品質運動力，這個方程就是飛碟的動力學方程。

其中 Cdm/dt 是電場力，Vdm/dt 是磁場力，從方程來看，電場力和磁場力都可以改變物體的品質。飛碟使用的也是電磁力，不像某些人猜測的那樣玄乎。從這個方程可以明顯看出，力 $(C-V)dm/dt$ 只是改變飛碟的品質，不能夠改變飛碟的速度。

但是，一旦飛碟的靜止品質變化到為零，飛碟的速度可以突變到光速，顯示飛碟的加速度是不連續的。

外星人的飛碟飛行原理也是利用自然界規律，本質上和發光原理是一樣的。人類目前的火箭、飛機、汽車等的運動原理是牛頓力學加速度運動所提供的。

從牛頓力學看，任何一個品質為 m 的物體，相對於我們觀測者以速度V勻速直線運動時候，有一個動量

P = mV

當這個物體的受到另一個物體一個力 F 的作用，動量將發生變化，動量 P = mV 隨時間 t 的變化率就是力 F，這樣

F = mdV/dt

牛頓力學的核心思想是動量守恆，就是說兩個相互作用的物體，組成一個系統，這個系統總的動量的數量是不變的，一個物體的動量可以傳給另一個物體，一個物體得到動量總是另一個物體給的，而總的數量不變。

這樣相互作用的物體的動量發生變化時候，牛頓力學認為相互作用中物體的品質是不變的，動量變化的結果只能使物體的速度發生變化。

比如，一個本來相對於我們靜止的物體，由於受到別的物體力的作用，導致這個物體的動量發生變化，又由於這個物體品質不變，結果使這個物體速度由零變成了某一個速度，相對於我們運動起來了。

相對論對運動的認識又前進了一步，相對論認為，高速運動物體的品質也會隨時間變化，相應的相對論動力學方程為：

$F = Vdm/dt + mdV/dt$

牛頓力學只是相對論低速情況下近似。

牛頓力學運動原理和飛碟運動原理都遵守動量守恆，只是飛碟運動遵守的動量守恆中的動量是 m(C-V)；牛頓力學遵守的動量守恆中 d 的動量是 mV

外星人完成了統一場論，而飛碟飛行原理就是統一場論所提供的，相對論、量子力學和牛頓力學對光速飛碟的飛行原理是無能為力。

5.飛碟飛行時候需要巨大能量嗎？

很多人問：飛碟飛行時候需要巨大能量嗎？

從以上分析，飛碟的品質變化需要能量，需要的能量如果用相對論質能方程 $E = mc^2$ 計算，一個5噸飛碟的品質變成零需要的能量，是非常巨大的，達到了幾萬億度電。

這麼大的能量，很多人認為飛碟是不可能存在的。

以上的計算是按照加速度運動來計算的，飛碟的速度從零逐漸增加到接近光速，的確需要那麼多的能量。

但是，飛碟改變品質，不是通過改變速度這種方式（也就是加速度）達到的，而是用反引力場抵消飛碟周圍空間本來的光速運動空間位移的條數，根本就不需要那麼多的能量。

很多特異功能人，把藥片從密封的瓶子裡抖出來，或者使物體瞬移到另一個地方去，這些情況屬實，表明把飛碟品質減到零，根本就不需要多少能量。

外星人飛碟光速飛行的時候也是慣性飛行，是不需要能量的，但是起飛時候和降落時候品質變化仍然需要能量的。

外星人是如何解決飛碟的能量問題的？

外星人的飛碟在他們星球起飛的時候，飛碟借助外部電能或者場能，使飛碟的品質變成零，飛碟處於激發態，然後以光速飛走。

到了地球，他們使飛碟的品質從零逐漸增大，但不需要增大到原來的水準，而是微微的增大一點點，比如增大到萬分之一克，就可以使光速運動的飛碟停止。

飛碟在地球上想再飛走，品質從萬分之一克減到零，不需要多少能量的。

為了更加節省能量，為什麼不是億分之一克？因為過分的接近零，飛碟從靜止狀態到運動狀態不容易控制，或者說飛碟品質過小，很容易過渡到激發態而以光速運動起來。

這個如同人類汽車速度太快，不容易駕駛一樣。飛碟攜帶的能量可以是核能和中子裂變、聚合能。

6. 50光年遠的外星球上人來地球要50年嗎？

很多地球人認為外星球離我們實在是太遠了，動不動就多少光年，就是外星人駕駛飛碟以光速飛來，都需要很多年時間，而且要攜帶巨大的能量。

因而這些人認為即使宇宙中有外星人，科技高度發達，頻繁的到地球來是不可能的。

其實，飛碟相對於我們以光速飛行，在我們看來，飛碟所的空間和時間都變成了零。

飛碟沿運動方向的的空間長度因為相對論收縮變成了零，無論多遠，在飛碟中的觀察者看來是零。

飛碟光速運動，導致了時間膨脹，變慢，時間走得非常慢——一直到凝固了，飛碟內部的觀察者認為時間靜止了，不走了，或者說飛碟內部觀察者認為這個運動過程不需要時間，他感覺不到這個運動過程。

一個距離我們50光年遠的一個外星球，我們觀察者認為他駕駛光速飛碟，需要50年到我們這兒，飛碟裡面的觀察者認為是剎那間就到達。飛碟內部的乘客感覺這一次到地球來是不需要時間的！所以，飛碟也不是我們想的那樣長途飛行需要攜帶許多能量。在我們地球人看來外星人需要50年時間來到地球，而外星人認為不需要時間，這個讓我們難以相信的。

真實情況是，外星人仍然是需要時間的，只不過不需要這麼長時間。

外星人的飛碟在起飛之前，首先做加品質運動，就是一個五千千克的飛碟，起飛時候品質在逐漸的減少，從五千千克一直變到零，這個品質變化過程，飛碟是需要時間的。

到了地球，飛碟的品質如果想恢復到正常狀態或者微小狀態，飛碟的品質從0再變到五千千克或者萬分之一克，這個過程也是需要時間的。那麼，飛碟在飛行過程中，以光速飛行是不是不需要時間？

理想狀態下，飛碟內部觀察者認為這個運動過程不需要時間，但是，我們外面觀察者認為需要時間。也就是飛碟所在的時空和我們已經不一樣了。

在真實情況下，飛碟在飛行過程中，如果遇到別的星球的阻擋，飛碟也要轉換時空狀態來避開星球，否則會發生事故，這個轉換狀態也是需要時間的。很微小的星際塵埃，飛碟可以用斥力場推開。

一位網友這樣說：

張祥前去外星球生活是假的，離太陽系最近的恒星系是四．二二光年。

假設真的有光速飛行器，再假設巧合的是最近的恒星系就是外星人的老家，張坐上光速飛行器，只有一秒就到達四．二二光年外的外星人老家。

張只花了一秒，但那只是張的時間，在地球人眼中，張還是花了四．二二年，而且一來一去就是8.4年。

也就是說張曾經最少應該在地球消失過8年多，才能證明張祥前去外星球這件事有一點點的可信度。

這位網友的問題涉及到了外星人飛碟的時空問題。很顯然，網友是利用我們地球人已有知識——相對論來做出這種判斷。

從相對論的角度來說，飛碟以光速光速運動時候，沿運動方向的一維空間長度縮短為零。所以，飛碟內部的觀察者，認為飛碟是剎那間就達到，不需要時間，沒有感覺到這個運動過程。

我們地球上的人和外星球上的人，都認為這個飛碟從他們星球上動身到地球，什麼事情都不幹，再返回去，需要8.44年才能夠返回。

但這不是外星人飛碟的真實情況，真實情況是還要考慮離我們四．二二光年遠的外星球和我們地球之間時間流逝快慢是非一樣。

這種快慢如果不一樣，導致了外星球的人發現，飛碟到地球，不需要四．二二年，或者超過四．二二年。

我們地球上和外星球時間流逝的快慢如果不一樣，能夠形成了一個時間差，這個在外星球上他們叫做時間勢差效應。

由於外星球和地球之間的時間勢差是天然形成的，所以又叫天然時間勢差，相應的又有人工時間勢差。

我們怎麼去認識時間勢差概念？

我們騎著自行車，從A點出發，以一個固定的速度，10分鐘後，運動到一公里外的B點。我們說運動速度是0.1公里／分鐘。

如果A點地勢高，運動速度將加大，運動到B點就不需要10分鐘。如果A點地勢低，運動速度將減少，運動到B點就會超過10分鐘。

同樣的道理，如果那個外星球的人測量出時間勢度比我們地球高，光速飛碟飛到我們地球上，他們星球上的人認為不需要四．二二年就可以到達地球。

但是，從地球再飛回去，消耗的時間要超過四．二二年，一來一回正好相互抵消，所以，大家肯定的認為這種時間勢差沒有什麼真實用處。

你這樣想就錯了。外星人正是利用這種時間勢差，使得他們在他們星球上，根本就不需要等8.44年才可以把飛碟盼回來。

星球之間天然的時間勢差很小的，特別是相聚距離不遠的星球，更加的小，在實際應用中幾乎沒有什麼價值。

但是，外星人他們可以用人工獲得時間的勢差，人工獲得的時間勢差很大，可以使本來需要等待8.44年的時間變成了一個小時不到。

他們採用人工場掃描對飛碟周圍空間照射，來製造一個能量場，使飛碟處於這種能量場之中，人為的改變飛碟所在的時空，使飛碟周圍的時空和地球時空形成一個很大的時間勢差。

這樣，飛碟到地球，根本就不需要四．二二年，可以在很短的時間裡到達地球。

飛碟再從地球返回到他們的星球，故伎重演，利用飛碟自身的設備人為的改變飛碟周圍時間勢差，再飛回到他們的星球上。

在他們的星球上的觀察者發現，根本不需要等四．二二年，飛碟可以在一個小時不到的時間裡從地球返回來。

這種時間勢差，遵守的是雙曲線函數關係，最大的時間差是多少呢？理論上，一個地方過了一萬年，另一個地方過了0秒。

這種關係不像A乘以B＝不為零的常數，A增大，B減少，但是，無論如何都不可能減到零。

遵守雙曲函數關係，理論上可以減到零，但是，在實踐中，一個地方過了一萬年、一個地方才過0秒，因為需要超高的能量場，實際上是很難做到，但是，過了一秒這種級別的外星人可以做到的。

要實現以上的人工製造的時間勢差，使飛碟和地球、外星球形成巨大時間勢差，不僅僅需要能夠改變時間、空間的人工場掃描。

外星人還需要測量地球、他們星球在宇宙空間中的座標和兩個星球之間的相對位置、運動等情況，他們這個測量工具也是人工場掃描，別的都不行。

7.外星人用什麼測量他們星球和地球的距離和位置？

當然，他們不會用鐳射來測量的。他們用人工場掃描來測量地球在空間中的座標，和自己的相對位置。

人工場掃描就是人工操縱空間，屬於一種人工設備令空間本身運動。人工場掃描發出的場，本質上就是運動空間，不像物體那樣具有電荷和品質，所以，不受相對論的光速不變和光速最大的限制。可以超光速的發射、接受資訊，人工場可以實現超光速的通訊。

8.外星人在他們星球上用什麼和星際飛行的飛碟通訊？

我們地球上開著汽車，用光速電磁波通訊，不覺得有什麼問題。外星人飛碟可以光速飛行，如果一個飛碟以光速在空間中飛行，外星人用光速的電磁波來通訊，可以追上飛碟嗎？那豈不是笑話。

外星人正是利用人工場掃描超光速來和飛碟來通訊。人工場掃描的速度理論上可以趨於無窮大，類似於量子糾纏的速度。

9.飛碟有幾種時空狀態？

飛碟有三種時空狀態，一種是光速飛行時候的零品質激發狀態。這種狀態下，飛碟始終以光速慣性飛行。

一種是品質非常微小的準激發狀態。這種狀態下，飛碟和別的物體的碰撞力極其微小，如同棉花架撞到牆上。

這種狀態下，飛碟可以在地球上空的空氣中懸浮，也可以以一個小於光速的任意速度運動，飛行原理、方式和光速、零品質飛行有些不一樣。

還有一種是具有普通品質的普通時空狀態。

10.飛碟如何駕駛？

飛碟光速運動的時候，駕駛室、飛碟內部、飛碟外部時空都是不一樣的，也就是所在的空間長度不一樣，時間流逝快慢不一樣。

飛碟光速飛行的時候，人是無法駕駛的。需要預先設定駕駛程式，利用電腦程式來駕駛。要設計這個駕駛程式，需要先用人工場掃描地球的座標和他們星球之間的距離，以及和外星球之間的相對運動情況，通過控制時間長短來決定飛碟飛行距離的長短，外星人是這樣駕駛飛碟駛向地球的。

這個測量如果不準確，飛碟可能一頭栽到地球裡，不但飛碟要出大事故，飛碟機毀人亡，還可能給地球造成災難。

不過，這個測量、控制的精度，空間長度大約精確到0.01公尺，相對應的時間精度是300億分之一秒，這個事情在外星人那裡，利用人工場掃描是可以很輕鬆搞定的。

11.飛碟外形有哪些？

地球人經常報告的ＵＦＯ最多是蝶形，還有雪茄形、草帽形、球形、陀螺形、三角形等等，其外形尺寸小者如乒乓球或指甲，大者（以雪茄形多）長達數公里。

有些雪茄形本質仍然是蝶形，只是我們觀察者從側面考察看起來是雪茄形。草帽形、球形、陀螺形其中大多數仍然是蝶形，只是我們觀察者從不同角度觀察而看起來是這種形狀的。

12.飛碟為什麼是碟子形狀？

宇宙大部分外星人所駕駛的星際飛船，外表呈現圓盤狀，全外世界很多目擊的不明飛行物都呈碟子形狀，目擊最多的是兩個碟子倒扣在一起的形狀，看起來像是會飛的碟子，所以被人形象的稱為飛碟，飛碟既然是外星人星際飛船，為什麼大多都採用這種碟形，難道是幾乎所有的外星文明有統一的思想意識而不約而同所做的嗎，或者是一個星球發明了飛碟，別的星球通過相互交流而獲得了製造原理，按照一個標準製造出來的。

實際情況是飛碟的碟子形狀是因為飛碟的飛行原理決定的。

我們知道地球上的飛機那種形狀，是因為飛機是在空氣中飛行，而且依靠了空氣，沒有空氣飛機是飛不起來，為了減少空氣阻力，飛機的頭都是尖尖的。

而飛碟主要是在空間中飛行，和空氣摩擦關係不大。飛碟的形狀是因為其飛行原理和飛機、火箭截然不同的。

我們看到的汽車、飛機、火箭運動原理都是加速度運動，靜止的汽車和飛機受到了力的作用，開始加速，加速到一定速度，開始以某個速度慣性運動。

而飛碟採用的是品質隨時間變化的運動原理，又叫加品質運動原理。

飛碟的動力部分就是底部環形電流加速器。飛碟中心鼓起的部分是呆人的，我看到的飛碟是正中心一個大柱子，裡面的空間是環繞形狀的。周圍環形邊緣部分是環形室，飛碟工作的時候，裡面有高速帶電粒子，這也就是飛碟的動力部分。

13.飛碟的動力部分在哪兒?

飛碟四周薄薄的邊緣部分就是飛碟的動力所在，裡面是帶電粒子流在高速的環繞運動。當然，他們的動力和的我們的飛機截然不同，他們的動力是利用變化電磁場產生反引力場，使飛碟的品質發生變化，可以使飛碟的品質變成零。

帶電粒子的高速環繞運動，還可以使電場轉化為磁場，從而克服同種電荷之間的庫倫排斥力。

14.飛碟的門為什麼開在底部?

也有人表示自己也接觸過外星人和飛碟，在和這些人交流中，各人描述的情況都不一樣，出現很大的差異，但是，也取得了一些共識。

最突出的一點，比較可靠的描述是，他們都看到飛碟的門是開在飛碟的底部。

飛碟裡面乘客進出的大門，為什麼要開在底部？

原來，門如果開在側面，將嚴重影響飛碟側面帶電粒子的環繞運動。

飛碟在底部開門，可能大家會有一個問題，飛碟降落到地球的地面上，人怎麼出來，難道從地上鑽出來？很多人都證實：飛碟沒有腿，沒有輪子，沒有支架！

原來，飛碟到了地球上，處於準激發狀態，因為品質很微小，可以懸浮在任意高度的空中，這樣，他們可以懸浮在一個適合的高度，方便人員的進出。

我得到的資訊，有的外星人飛碟沒有門，他們的人工場掃描，可以使人穿牆而過，並且人和牆都完好無損。沒有門，他們照樣可以進出。

但是，這種人工場功率很大，只有一些大型飛碟具有，一些小型飛碟沒有這種大功率的人工場掃描設備，只好在底部開門。

15. 飛碟的飛行方向是怎麼決定的？

飛碟以光速、零品質激發狀態長途飛行時候，是直線慣性運動，飛行方向和飛碟底部環繞帶電粒子流的環繞平面垂直，並且滿足右手螺旋關係。就是我們用右手握住飛碟底部，四指環繞方向和環繞電流運動方向一致，則大拇指就是飛碟運動方向。

飛碟光速飛行的時候，如果不在底部的電流環繞運動平面垂直方向，也可以以光速方向，但是，在垂直方向，是最為節省能量，最為容易駕駛。

16.飛碟到了地球上空，是怎麼飛行的？又怎麼駕駛的？

飛碟到了地球上空，處於一種準激發狀態，可以以普通的速度運動，飛行方向也可以是任意的，可以沿側面飛行。

這種情況下，會不會像我們有些人猜測的那樣，再安裝一個普通發動機，攪動空氣來飛行？實際上不是的。

外星人的做法是使飛碟從準激發態過渡到激發態，使飛碟以光速運動起來。但設定的飛行時間極端，使飛碟飛行很微小的距離後，又回到準激發態，再從準激發態過渡到激發態，再飛行微小的一段距離，飛碟就這樣反復不斷的轉換飛行狀態來飛行。這種飛行方式他們也是電腦程式控制，或者輔佐控制。

飛碟這樣做一個好處是不需要另外安裝發動機。

飛碟以這種方法在地球上空飛行，我們從外部看，飛碟可以以任意速度飛行，還表現出沒有慣性，可以直角轉彎，具有極高的機動性，飛行的軌跡顯得極為詭異。

在我們地球人不清楚外星人飛碟的機制，看到地球上空的飛碟這種詭異飛行方式，肯定是感覺到極為不可思議。

17.飛碟為什麼和空氣摩擦沒有聲音？

有人認為，任何東西在空氣中飛行都會和空氣摩擦而發出聲音，飛行速度越大，聲音就越大，飛碟為什麼在空氣中高速飛行沒有聲音？

有人以此為根據，反對飛碟是客觀存在的。

外星人的核心技術就是可以影響空間，飛碟表面可以產生一種斥力場，這個斥力場和地球的引力場相反，不像地球引力場那樣把任何東西往地球上吸引，而是把任何東西都往外推。

飛碟的斥力場可以把空氣推開。由於場的本質就是運動變化的空間，空氣和這種無形物質的摩擦是不會有聲音的。

從牛頓力學上講，飛碟零品質或者微小品質（接近零），和別的物體碰撞力為零或者接近零，我們知道，摩擦的本質就是微小粒子之間的碰撞。

所以，飛碟和空氣碰撞可以沒有聲音。這個解釋大家不好理解，你可以想像一團棉絮撞上牆壁。

18. 製造飛碟的材料要求特殊嗎？

很多人認為製造飛碟的材料地球人無法掌握。

飛碟由於採用加品質運動方式，在零品質和微品質情況下，和別的物體碰撞力為零或者極為微小，這樣，製造飛碟的材料不是某些人猜測的那樣——地球人無法做出來，一句話，飛碟的材料不是主要問題。

19. 飛碟為什麼可以懸浮？

如果是在地球上，外星人的飛碟也可以使飛碟的自身品質變成一個很小的量，恰巧等於飛碟排開空氣的品質，這樣，飛碟就可以懸浮在地球上空。有很多目擊者證明飛碟喜歡這麼做。

他們這種懸浮可以無聲無息的，不像直升機懸浮在空中要使勁的扇空氣，飛碟不需要搞出什麼動靜來。

一個朋友，晚上在高速公路上開車，看到一個巨大的飛碟悄無聲息地懸浮在他頭上的空中，一動不動，他說，

「我前幾年聽張祥前說外星人飛碟是零品質，當時我不相信，當看到頭上這個巨大的、靜悄悄地懸浮在我頭上的飛碟，我才相信了張祥前的話。」

20.飛碟具有極高的加速度，裡面的乘客怎麼受得了？

飛碟飛行的時候由於處於一種零品質激發的狀態，飛碟及飛碟內部的物體都是零品質，懸浮的時候是微小品質。

我們知道飛碟裡面的人受到的力是加速度和品質的乘積。

飛碟即使加速度很大，有目擊者報告說飛碟能夠達到地球表面重力加速度幾百倍，但是飛碟由於品質是零或者很微小，很大的加速度和零品質相乘結果受力是零。

所以，飛碟以極高加速度運動時候，裡面的人員實際受到的力是零或者極其微小的。

21.飛碟為什麼具有高速、高機動性？為什麼可以直角轉彎飛行？

世界範圍內目擊ＵＦＯ者經常報告稱飛碟高速、高機動性。可以有極高的加速度，能「直角」或「銳角」轉彎飛行——反慣性，並且地球引力似乎對它不起作用。

飛碟不僅可垂直升降，懸停或倒退，還可作高速飛行，有的時速可達二萬四千公里（即20馬赫），有的甚至更高，這是現有的人造飛行器所望塵莫及的。

飛碟的高速是因為飛碟飛行原理不同於飛機之類的飛行器。

我們知道直角轉彎時候理論上加速度是無窮大，這個原因都是飛碟品質接近為零。

飛碟飛行狀態和發光一樣的，我們知道光照射到玻璃上被反射回來，加速度接近無窮大，飛碟的情況是類似的，光和飛碟的運動方程數學上講，速度的變化（也就是加速度）是不連續的。

22.飛碟安全嗎？

人類現在的火箭和飛機經常在起飛和降落時候出事故，飛碟由於採用了零品質和微小品質運動原理，起飛和降落時候因為零品質和微小品質，和別的物體碰撞力為零或者很微小，所以，飛碟是特別安全的。

人類有了飛碟，才可以大規模開發火星、金星、太陽系。

23. 飛碟會出事故？

飛碟雖然特別安全，不是說完全的不出事故。比如，一個外星人駕駛飛碟，遇到一個星球，不避讓，不採取措施，直接撞到星球上，開始時候，由於飛碟是零品質，會切入一部分到星球裡。

但是，由於星球巨大，飛碟很快會因為能量場強度不夠，自動的轉換時空狀態，從零品質激發狀態過渡到正常的品質、時空狀態，進而飛碟就會出事故。

這個像光子照射到物體上，有可能被反射，仍然是處於光子的零品質激發狀態。也有可能被物體吸收，激發狀態被破壞，變成了電子。

24. 飛碟為什麼會有強磁場？

接觸ＵＦＯ者稱：有的飛碟有電磁干擾，在飛碟所過之處出現強烈的電磁干擾現象，使電氣系統處於癱瘓，如工廠停電，儀錶和雷達失靈，無線電通訊中斷，車輛和飛機發動機熄火，導彈發射不出等等，等到飛碟遠去以後，一切又自動恢復正常。

飛碟的動力就是電磁場力，飛碟的邊緣部分就是大量的帶電粒子在作高速環流，所以飛碟有強磁場不奇怪。

25. 飛碟起飛的時候有聲音嗎？

我看到的飛碟起飛的時候，有嗡嗡的聲音，像變壓器、電焊機發出的聲音，但不是很大。

26. 飛碟起飛是直接從地面上飛走的嗎？

我看到的情況是，飛碟起飛時候，先是搖晃一幾下，然後突然懸浮到空中，一般大約有一、兩公尺高，以逆時針輕輕地旋轉幾周，再突然消失不見。

27. 飛碟為什麼有奇怪的光？

飛碟不但有強磁場，還會發出許多奇怪的光，飛碟發光有單色不變光、多色隨變光、常態光、固體光（即光束能任意收縮或彎曲，甚至出現鋸齒狀），有的光束有透視能力（即照射物體後能使其變成透明），有的能將人吸入飛碟，有的能使人癱瘓或至殘。

飛碟可以發出一節一節前進的光，可以拐彎的光，可以產生很密實的光。

我看到他們飛碟發出的光照在地面上，像銀水灑在地上非常地明亮，但又不像我們地球上人光束在空氣中有明亮的光柱，因而形象的被有些目擊者稱為冷光。

這個是外星人的人工場掃描空間，使空氣中的灰塵處於激發態，不和光束中光子發生碰撞作用，所以，外星人的光束可以直接避開空氣中灰塵和顆粒物，不能夠照亮空氣中灰塵和顆粒物。

但是，人工場掃描照射到地面，無法使地面處於激發態，所以，光束到地面和地面碰撞，人看起來很明亮。

把人吸進去也是用人工場，並不是光吸的。飛碟可以產生一定功率的人工場，有時候人工場的掃描，會激發空氣產生光，人們誤以為是光把人吸走了。

人工場掃描技術本質也就是人為的操控空間，操縱空間讓空間的光束拐彎，呈現許多怪異形狀。人類如果掌握了人工場技術，也可以操控空間，產生許多不可思議的效果。

空間時刻以光速運動，光的本質是電子加速度運動，使品質、電荷消失而處於激發狀態，光子是靜止在空間中隨空間一同運動，人類如果掌握人工場掃描技術，就可以操縱空間，就可以使光束以很奇怪的形式出現。

28. 飛碟是如何使品質變成零的？

宇宙任何一個靜止的物體（包括我們人的身體），周圍空間總是以向量光速（向量光速方向可以變化，模不變，模是標量光速），向四周發散運動。

空間這種運動給我們觀察者的感覺就是時間。品質是物體周圍以光速運動空間位移的條數。像電荷、電場、相對論靜止能量等，都是物體周圍空間光速發散運動形成的。

不在物體分離的情況下，想改變物體的品質，有兩種方法，一是讓這個物體運動，品質隨著物體運動速度的增大而增大，相對論已經給出了質速關係公式，可以計算得出來。

另一種方法是改變物體周圍以光速運動空間位移的條數，如果增加條數，物體品質就增加，如果減少條數，物體的品質就減少。

外星人飛碟是利用變化的電磁場產生的反引力場，從裡面中向外照射，使飛碟的品質減少到零的。變化電磁場產生的正引力場對物體照射，可以增加物體的品質。

注意，是反引力場，而不是反重力，反引力場對物體照射，可以減少物體的品質，一直可以減到零。而反重力不能改變物體的品質。

我們還要注意到，反重力和反引力場量綱不一樣，二者是性質不同的物理量。反重力屬於一種力，和萬有引力的量綱是一樣的，而反引力場和加速度的量綱是一樣的，二者本質也是等價的。

統一場論給出了引力場和電磁場的定義方程式，並且揭開了電磁場和引力場之間的關係，指出了變化電磁場產生正、反引力場的規律。

統一場論認為：

勻速環繞運動點電荷，會產生指向環繞中心的引力場。

磁場垂直穿過一個曲面，當磁場發生變化時候，產生了沿曲面邊緣分佈的的環繞線狀電場和環繞線狀引力場，並且，在某一個瞬間（由於時空等價性，也可以說在空間某一個點上），變化磁場與產生的引力場、電場三者相互垂直。

這個可以看成是法拉第電磁感應的擴展版。

很多人認為，飛碟品質變成了零，豈不是散了架？會不會變成像塵埃那樣？

其實這個品質為零是相對論效應，就是飛碟外面的人認為品質為零，飛碟裡面的人認為飛碟品質沒有任何變化。

在統一場論中，品質、電荷、電場、磁場、引力場、力、能量都是運動效應。而運動狀態又是觀察者觀察的，所以，品質、電荷、電場、磁場、引力場、力、能量都與觀察者的觀察有密切關係。

一個人說物體存在了品質、電荷、電場、磁場、引力場、力、能量，一個人說不存在，兩個人的

說法都是有可能正確的，不能把品質、電荷、電場、磁場、引力場、力、能量看成是絕對存在著
地上有一個字，一個人說是甲字，對面的人說是由字，你一定說到底是什麼字，是無法確定的，想確定也是沒有意義的。
品質、電荷、電磁場、引力場、能量等都是運動效應，由於運動屬於時空變化，所以，又可以稱為時空效應。
相對論的相對兩個字，就是一切物理量都要相對於一個明確的觀察者，才具有意義，不指明哪一個觀察者，是沒有意義的
一切物理量都是我們人描述出來的，所以，與我們人密切相關。
在統一場論中，我看我的空間、我的時間，不同於你看你自己的空間、你的時間，進而引申到品質、電荷、電磁場、引力場、能力的一系列不同。這是統一場論最牛逼的思想，只是大眾很難理解。
統一場論理論還認為，飛碟相對於我們觀察者處於零品質激發狀態，會相對於我們突然以光速運動。
如果飛碟的品質變成了接近於零，飛碟會處於準激發狀態，這種情況下，飛碟仍然是靜止的，但我們人可以從這個飛碟外殼直接穿進去。
這種準激發效應，可以使人穿牆而過，並且，人和牆都完好無損，外星人大規模應用這種效應，他們星球上每天發生百億次這種事情。
很多人認為，人能夠穿牆而過，是按照相對論，物體以光速運動沿運動方向空間長度縮短為零，不佔用空間量，所以，才可以穿進去。

人穿牆而過，是人在以光速運動，還是牆在以光速運動？

其實，不需要人或者牆以光速運動，通過改變人和牆周圍光速運動空間位移的條數，同樣可以達到人穿牆而過的目的。

很多人感到疑問：人和牆重疊時，怎麼辦？

原子裡粒子占空間不到幾千億分之一，正常情況下人穿牆被擋住了，其實是給電磁場力擋住了。

有人認為，人能穿牆的話，那人身體中原子之間也應該可以相互穿越了，那人就垮了。如果人和牆相互穿越時，人和牆之間不存在作用力，但是人內部、牆內部作用力不變，這究竟怎麼做到的。所以，人能夠穿牆，應該是牆裂開了那種。

真實情況下，利用準激發效應，人穿牆，就是每一個原子都可以穿過去。

這個作用力是相對的，但是，人的習慣思維仍然把力當做作用在一個整體。

這一點很難被人理解。

有網友認為：

假設人是A，人身上一個原子是A1和A2，牆是B，牆上面原子是B1和B2。

穿牆時，A1 A2之間有作用力，B1 B2也有作用力，為啥A1對B1 B2，A2對B1 B2就沒有作用力了？

按理A1 A2都被照射了，那麼A1 A2之間也該沒有作用力啊？

我們用場掃描照射一個飛碟，使飛碟和我們處於激發狀態，飛碟和我們身體相互作用力為零，但是，我們沒有使飛碟中兩個物體之間相對處於激發狀態，所以，飛碟內部的人想穿過飛碟外殼，仍然是不行的。

場掃描照射飛碟，使飛碟在我們看來處於激發態，但是，飛碟內部觀察者認為飛碟相對於自己沒有處於激發態，所以，他想穿過飛碟外殼，是不行的，而我們可以穿過飛碟外殼，因為飛碟相對於我們是處於激發態。

很多人錯誤的認識是：我們使飛碟相對於我們處於激發態時候，飛碟就一定是相對於飛碟內部駕駛員處於激發態。

飛碟相對於我們處於激發態，但是，不見得是飛碟相對於飛碟另一部分會處於激發態。

一個飛碟，我們用場掃描照射，使飛碟處於準激發態，我們就可以從飛碟外殼直接穿進去，但是，飛碟內部的人不能從飛碟裡穿出來，因為飛碟內部和我們不處於同一個時空。

有人問，怎麼能夠做到使物體處於準激發態的？

可以先用場掃描掃描我們面前的物體，使這個物體和我們處於一種準激發狀態，以後，這個物體無論是和我們融合，還是靠近，都可以和我們保持零作用力。

用場操縱空間運動，等於用時空操縱運動，因為場的本質就是空間運動，場效應，也空間運動效應。

這些問題，需要一個嚴密的數學去一步一步論證，但憑語言無法說清楚。

你的空間和我的空間，雖然不一樣，但是，可以通過場掃描來改變，使二者一致，也可以把本來一致的時空，變成不一致，具體的，需要用嚴格數學去描述，這個要首先熟悉洛倫茨變換。

普通人一直以為只有運動才能讓我們處於不同的慣性系，其實，反引力場通過影響物體周圍的光速空間，也能讓我們處於不同的慣性系，哪怕我們相對於牆確實就是靜止的。

很多人認為改變慣性系只有一種，就是運動，現其實還有一種，就是利用反引力場改變物體周圍的光速空間。

引力場是什麼，就是空間本身在加速度運動，當有物體處於這種運動空間中，等價與物體在空間中運動，改變物質的品質，是不需要相對論質能守恆的，門檻比大家想像得要低得多。用逐步增大物體運動速度來改變物體品質，需要的能量才可以用質能方程計算。

物理的本質是運動，運動取決於觀察者所在的慣性系，改變運動（改變慣性系）就能改變看到的世界。所以，只要能精准逐點控制觀察者或者被觀察者的運動，就可以相對於這個觀察者，創造不可思議的世界。

統一場論就是相對論升級產品，帶有相對論的影子，統一場論核心就是物體周圍空間光速發散運動是標準模型理論，把人類的目光從相對論的時間、空間上移開，轉移到物體粒子上，從而使現代物理學走入死胡同。

29.有直徑數千公里的大型飛碟嗎？

這個是有的，外星人掌握了強大的人工場設備，人工場掃描可以超大規模的冷焊、拼接、組合、切割等，可以輕鬆製造出巨型飛碟來。

他們星球地面、海底、地下、天空許多超大建築，都是人工場掃描可以超大規模的冷焊拼接技術的傑作。

30. 飛碟為什麼有大有小？

地球人發現飛碟有的很小，直徑幾公分；而有的很大，直徑數千公里。飛碟大小差異很大的原因是不同星球的外星人身體大小差異的原因。

我們地球人身高差異不大，而不同的外星人生活在不同的星球上，身體差異是非常巨大的。所以，他們乘坐的飛船大小差異也是巨大的。還有的外星人飛船直徑幾千公里，這個一般是他們的母船，這些母船到地球，一般都是停在太陽系裡，離地球遠遠的。

31. 飛碟為什麼有放射現象？

有的飛碟有放射性現象。當飛碟在低空飛過或者著陸時，常會發現如使動植物灼傷、泥土不吸水、種子不發芽、母牛不產奶。或者使人噁心、呼吸困難、失眠、暫時失去知覺、中樞神經癱瘓或定身等現象。

飛碟的放射性，一部分是外星人有意搞的，一部分是技術上難以徹底遮罩飛碟動力和其他系統的放射性，這個如同地球人汽車漏油。一部分是外星人人工場對環境照射、探測產生的放射性。

32. 飛碟為什麼能夠時隱時現？

隱形時有以下幾種情況：部分人能看，而另一部分人可能看不見；人的肉眼能看見，而雷達卻偵測不出來；有時眼見它降落在某地，但走近去看卻什麼也沒有。總之它想讓誰看誰才能看。

這個原因是因為外星人掌握了人工場技術，人工場可以操縱空間，影響空間，影響和遮罩空間中光線的傳播，使人產生錯覺。

33.外星人飛碟能夠干擾人的思想意識嗎？

真實的外星人飛碟降落在地球某一個地方，他們一般用一種人工場掃描降落地點的周圍情況，如果有人在這個地方出現，外星人就用人工場遠端干擾人的意識，使人失去記憶，或者修改人的記憶，使人無法正確、準確描述自己所看到情況。

英國一個女子布麗姬特·格蘭特說，當她第一次遇到外星人時只有7歲。當時她正要回家喝茶，路上遇到一個與她差不大的女孩，從小女孩的眼睛可以判斷他是中國人。

小女孩向格蘭特展示了香港鈔票以及她的房子。但當第二天格蘭特再次去找小女孩時，已經找不到那棟房子，只剩下一片曠野。

UFO專家認為，格蘭特可能被外星人「屏障並干擾了記憶」，讓她將外星人錯誤的看成了中國女孩，將太空船看成了女孩的房子。

格蘭特為什麼把飛碟描述成房子？這個原因不是她的描述出現錯誤，而是外星人不想讓她把發現他們的事情講出去，他們的人工場掃描裝置具有遠端干預、修改人思維的能力，他們干擾、修改了她的思維，把她大腦中的飛碟形象修改為一棟房子。

外星人的目的很簡單：就是不想讓地球人了解他們的行蹤。

我在長期宣傳中，發現有不少人應該是真實的接觸過外星人和飛碟，但是，和外星人距離太遠的話，看不清楚，太近了，記憶又受到干擾、修改。

所以，和這些人交流時候，感覺他們邏輯混亂，描述的事情矛盾，漏洞多。但是，人多了，提供的資訊多了，也可以理出一些有用的資訊。

外星人他們的人工場掃描具有遠端干預、修改人思維的能力，這個也是他們強有力的武器，可以無聲無息的化解地球人對他們的攻擊，也可以悄無聲息的攻擊、驅趕地球人。

他們不會用炮火、導彈之類的武器來對付我們地球人，他們喜歡用遠端修改、遮罩、干擾、操縱地球人意識來對付地球人。

34.地球人的武器為什麼對飛碟束手無策？

一九四二年二月二十五日上午10時，美國洛杉磯東郊某炮兵連陣地上空，出現了列隊的24個圓盤狀不同飛行物。美國人以數十門高射炮開火，二千多發炮彈噴出一朵朵燦爛的火花。

但UFO仍在空中有條不紊地編對飛行。

一九四八年一月七日，美軍上尉曼特爾率4架噴氣殲擊機，從肯塔基州的諾克斯．路易斯維爾空軍基地起飛，他們的任務是跟蹤並擊落一艘UFO。

過了不久，上尉向基地指揮塔報告說：「……它一刻也不停地急速旋轉，高度一萬二千公尺。我試圖靠近些開炮……它突然加速，向東北方向逃去，速度極快，現在我必須……」。這個英勇善戰的飛行上尉是想說「現在我必須開炮」。

但報告到這裡嘎然而止，緊接著上尉連同他那身經百戰的戰鷹轟然墜地，燃起一堆熊熊大火。

這個原因就是外星人利用人工場技術，人工場可以產生場這種無形物質，來阻擋人類的進攻，這種無形物質你的武器攻擊它，它可以無聲無息地化解你的進攻，並且可以無聲無息地來攻擊你。

35. 人類現在可以製造出飛碟嗎？

阻礙人類製造飛碟的因素是什麼？

飛碟零品質飛行，和別的物體碰撞力為零，所以，飛碟特別安全，材料也不是問題，關鍵是飛行原理。

我已經掌握了飛碟飛行原理和一些製造細節，可惜，我是農民出身，在我們這裡，農民有科學發現按照慣例是不理睬的，所以，阻礙飛碟研發製造仍然是習慣、保守力量，是人的惡劣品性。是人心。

36. 外星人飛碟研發意義在哪兒？

飛碟一旦研發成功，人類大規模星際旅行變成了現實，可以正式開發太陽系。

由於飛碟涉及到了最基礎科學，可以引起交通、能源、醫療、工業、建築、資訊等各個領域的整體突破，會對整個人類造成劇烈影響。

人類將進入光速、虛擬時代。

37. 什麼時候外星人和我們地球人對話？

人類造出飛碟，進行星際飛行的時候，就自然的有外星人主動找來。地球人沒有掌握飛碟技術，不能夠造出飛碟，外星人認為地球人沒有發展到那種程度，不夠資格和他們交往，外星人仍然只是暗中觀察我們，而不正式和我們接觸。

38.有沒有飛碟是一個星球文明重要標誌物

外星人用有沒有飛碟來劃分宇宙文明等級。他們把一個星球，發明了光速飛碟，後又經過千年的發展，稱為千年級別的文明星球。

一個星球，發明了光速飛碟，後又經過萬年的發展，稱為萬年級別的文明星球。

一個星球，發明了光速飛碟，後又經過百萬年的發展，稱為百萬年級別的文明星球。

一個星球，發明了光速飛碟，後又經過億年的發展，稱為億年級別的文明星球。

39.造出一台外星人飛碟需要多少錢？

最近，有幾個私人研發公司的老總問我，開發一架外星人光速飛碟出來，大概需要多少錢？

外星人說，大約和文明地球上首次原子彈研發的費用差不多。

美國第一次開發原子彈，投資大約是40億美金，相對於現在上百億美金，這麼大的投資，很多私人公司老總一聽，立即就失去興趣了。

研發飛碟，還要研發相應的控制軟體，飛碟的駕駛是電腦程式自動駕駛，因為速度太快，人是無法駕駛的。成熟的產品還要考慮安全等因素，所以，成熟產品出來，需要巨大投資。

飛碟和人工場的開發，對人類影響巨大，適合國家投資開發。幾十年時間裡，我也找過有關單位，很遺憾，他們在我還沒有說明來意的情況下，竟然叫我滾出去，常常是無法溝通。

其實，科學研究，產品開發，不是等產品出來才可以盈利的。一旦取得階段性成果，你擁有了技術，這個技術就可以賺錢。

人工場掃描技術，雖然應用很多，但是，關鍵實驗只有一個：就是變化電磁場產生正、反引力場。如果實驗做出了變化電磁場產生反引力場，對物體照射，使物體在沒有分離開的情況下，品質發生減少。

這個實驗就算成功了，表示你已經掌握了反引力場技術，可以算得上是階段性成果。就可以利用這個成果作為股份，尋找更大的投資，當然，也可以出賣這個技術。

美國波音公司曾經出價1億美金，買這個反引力場（波音公司要反重力技術，其實真正有價值的是反引力場技術，因為反重力不能改變物體品質，而反引力場可以）技術。

打開一個汽車，打開一個電腦，你會發現，很多零件都是不同的廠家生產的。人類已經走向高度合作的社會。科學研究，同樣是社會高度的合作。

只要變化電磁場產生反引力場實驗成功，你就可以利用這個技術和人合夥賺錢，而不需要飛碟及其他產品出來。

40. 不同外星人駕駛的飛碟飛行原理是一樣的嗎？

最近有網友發來許多地球上外星人接觸著的資料給我，大部分都是外國的，很多接觸者都談到了外星人的星際飛船就是飛碟，而且都談到飛碟的飛行原理。

總結起來，這些人提到的飛碟飛行原理就是靈性、意識、意念控制、空間蟲洞、空間折疊、空間跳躍、扭曲空間、傳送門、磁動力、鐳射、反重力等。

從我掌握的資訊看，以上飛碟原理要麼是錯誤的，要麼就是太模糊，沒有真實的意義。

有網友問我，宇宙中外星人種類是不是很多？他們的星際飛船是不是都是飛碟？如果都是飛碟，他們的飛行原理是不是都是一樣的？

宇宙中外星人種類很多的，遠遠多於人們的想像。

但是，這個星球上的外星人明確說，所有的星際飛船都是飛碟，所有飛碟飛行原理都是一樣的。

外星人光速飛碟飛行原理用我們的語言表達是一句話：

宇宙中任何物體，只要使其品質變成零，就在變成零的剎那間，物體不需要另外施加力，就突然以光速運動起來。

而且，在沒有其他阻礙原因的理想狀態下，飛碟會一直以光速在空間中慣性飛行下去。

我們地球上火箭、飛機飛行原理是加速度運動，而外星人飛碟是加品質運動。

在問及宇宙中有沒有更厲害的飛行方式，外星人回答是，

「那你要尋找宇宙中第三種運動方式。」

那有沒有第三種運動方式？他們回答說他們是不知道的。

41.外國檔案中有 UFO 現象的資料公開嗎？

西方國家和前蘇聯有大量的官方 UFO 檔案，記錄了各地發生的 UFO 事情，這些記錄一般比

較可靠，有的是多人目擊事情，其可靠性不容置疑。

隨著蘇聯的解體，前蘇聯很多ＵＦＯ檔案公開了，西方國家也有許多ＵＦＯ檔案對外公佈。比如，二〇〇〇年，英國政府通過了新的《資訊自由法》，對政府各機構公開政府資訊作出了規定。英國政府開始對一九八〇年以來的ＵＦＯ目擊事件的絕密檔案進行解密，並將資訊在網上公佈。

42. 地球上留下了外星人出事故的飛碟嗎？

從這些外國公佈的檔案資訊來看，前蘇聯和美國都得到了外星人出事故丟下的飛碟，他們派專家進入飛碟內部檢查，這些專家都有一個共同的疑惑：

飛碟內部根本就看不到飛碟的動力系統，外星人飛碟靠什麼驅動的？所以，有人猜測外星人用了115號元素作為飛碟的動力。

比如我們的飛機，內部有燃油發動機，火箭內部也有發動機，汽車內部也有燃油發動機。就是電動汽車，內部肯定有電動機。無論是電動機，還是燃油發動機，人家都很容易識別。

實際情況是外星人飛碟的飛行原理和火箭、飛機完全不一樣。

飛碟四周圓形的邊緣部分，裡面儲存了大量帶電粒子，帶電粒子在裡面高速旋轉運動。

從外星人那裡得知，旋轉運動主要目的是提高帶電粒子的密度，因為裡面是同種電荷，相互有著巨大的庫倫電斥力，帶電粒子高速旋轉運動，可以把電荷之間的庫倫電斥力轉化為磁場力，這樣可以大大的提高電荷密度。

外星人的飛碟一旦出事故，飛碟邊緣部分帶電粒子就跑光了，你根本就看不到。這個像我們地球上壓縮空氣汽車，出了事故，儲氣罐裡面的空氣有可能跑光了，讓人搞不清楚動力源頭在哪裡。

正是這個原因，讓那些進入飛碟內部的專家感到困惑不解。

43.飛碟內部為什麼看不到駕駛系統、儀錶？

各國解密的ＵＦＯ檔案都反復提到，飛碟內部看不到一個駕駛系統、儀錶之類的東西。

這個原因是外星人的駕駛主要是電腦程式駕駛，而他們早就可以使電腦虛擬化，他們可以在一個空間裡製造三維虛擬影像和聲音。

他們的駕駛系統、儀錶都是三維虛擬產品。我曾經在正常行駛的飛碟中，看到裡面的三維虛擬影像可以大可小，可以突然出現、突然消失，外星人在三維虛擬影像上點一點就可以駕駛、操縱飛碟。

一旦飛碟出事故，你根本就看不到駕駛系統、儀錶之類的，就是這個原因。他們的駕駛、儀錶都是純虛擬產品。

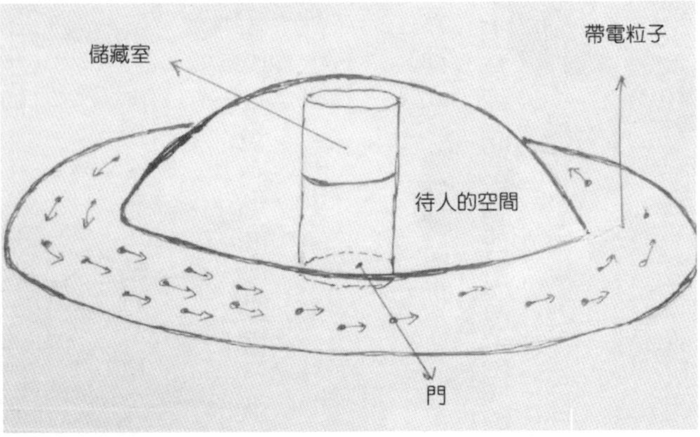

外星人飛碟內部，作者手繪

44.飛碟內部是什麼情況？

飛碟的外表像一個碟子，中心鼓起來的部分就是待人的地方，四周邊緣部分裡面是一個環形空腔，有帶電粒子在裡面高速環繞運動。

我曾經進入到一個飛碟的內部，看到內部待人的環形空腔直徑有幾十公尺，在他們星球上，屬於小型的飛碟。

這個飛碟內部的中心大柱子，直徑大約有3公尺，高大約有5、6公尺，大柱子周圍是一個環形的空間，人就待在這個空間裡。

飛碟內部的隔牆是出虛擬牆壁，可以隨時出現，有可以隨時消失。

大柱子底部有一圈突起的臺階，臺階寬度和高度大約有40釐米。

這個大柱子內部是空的，頂端是一個儲藏室，裡面可以儲藏一些帶電粒子，這些帶電粒子就是飛碟的動力媒質。

飛碟在長期不飛行的情況下，動力媒介——帶電粒子會儲存在大柱子的頂部儲藏室裡。

一旦飛碟需要啟動飛行，帶電粒子會從儲藏室注入到飛碟邊緣的環形空腔裡，開始高速的環繞運動。

45.近距離看外星人飛碟外殼是什麼樣子？

我曾經在他們星球上，近距離的看到他們飛碟的外殼，瓦青色的，明顯是一種金屬，外表沒有噴漆，鉛灰色的，極度精緻，毫無焊縫及拼裝的痕跡。外表沒有任何窗戶、孔洞之類，也看不到突出的燈，它是怎麼能夠向外射出來光線？

原來是他們的人工場掃描能夠使物體和光穿越剛體。這個基本原理和我們地球上特異功能人，把藥片從密封的瓶子裡抖出來是一樣的。

這個基本原理相對論也曾經講過：物體以光速運動時候，沿運動方向空間長度縮短為零。物體長度為零，體積就為零，物體體積為零（這個是相對論概念，從另外一個觀察者看，物體的體積沒有變化），就不佔用空間，當然可以穿牆而過了。

外星人的科學理論進一步擴展了相對論這種思想，他們認為，物體靜止時候，周圍空間以光速向四周發散運動，這個是物體具有品質和電荷的本質原因。

如果物體靜止或者低速運動，周圍空間的光速運動消失得接近為零，（完全的消失，物體就一定突然以光速運動，使物體處於沒有品質的激發態）。

物體就處於準激發狀態，物體不以光速運動，卻同樣的達到物體不佔用空間的效果，同樣可以穿牆而過。

46. 飛碟為什麼發射的是冷光？

我遇到不少真正遇到飛碟、UFO的朋友，他們對我講述自己見到飛碟、UFO時候的各種情況。

有一個朋友對我說，他隨中國一個工程隊在緬甸一偏僻的地方工作。有一次，大白天，天氣非常晴朗，他看到像兩個碟子倒扣在一起形狀的一個飛碟，懸浮在一個小山上。他說自己看得非常地清楚，明顯是金屬外殼，極度的精緻，毫無焊縫，完全沒有焊接、拼裝的痕跡。這個描述和我一九八五年親眼看到的飛碟外形特徵高度吻合。

該飛碟一動不動地懸浮在空中，也不隨風擺動。他喊同事來看，大家開始很興奮。後來，該飛碟就一動不動的懸浮在那兒，大家也逐漸失去興趣。他們對當地緬甸人說，當地緬甸人都懶得抬頭看，他們說，經常看到這種東西懸浮在空中，有時候，能夠在空中懸浮幾天，才飛走。

他還說，到了第二天才看不到這個飛碟。

有不少目擊者都談到飛碟的門開在底部，看到外星人是從飛碟底部的門進出的，外星人似乎是從底部門飄出來，沒有梯子之類的東西。

這個和我看到的情況是吻合的。外星人進出，是借助於人工場掃描的瞬移技術進出的。

有不少目擊飛碟、UFO的網友提到，飛碟發出的光似乎是冷光。

有一個網友說，他看到飛碟的帽狀邊緣下，有一個燈在向四周轉著往地下照，幾乎沒有什麼光束，好像是「冷光」。

我們人類使用的光在空氣中運動，把空氣中的灰塵及其他一些空氣中的懸浮物照亮，從而會形成一個比較明亮的光束，比如大霧天的夜晚，空氣中的水蒸氣多，光束就特別明顯。

灰塵很大房間，光束從窗子裡照射進了，會形成一道明亮的光束。在高度乾淨的房間裡，光束就很不明顯。

外星人有時候發出的光束攜帶了一種特殊的人工場，或者是人工場掃描導致的發光。光和人工場同時發出，人工場可以改變空氣懸浮物周圍的時空結構，使光對空氣懸浮物不發生反射，光能夠輕易的穿過這些空氣中的懸浮物，但是，照射到地面，人工場的功率是無法使龐大的地面改變時空結構的，所以可以看到光在地面上的反射。

我在一九八五年那天晚上，親眼看到飛碟發出一束光，在空氣中沒有一絲光柱，照在地面，像水銀灑在地上，給人以非常密實的感覺。照在樹枝上，同樣像水銀灑在樹枝上，這種情況下，外星人的人工場掃描強度不是很大，不能改變樹枝這樣大的物體的時空狀態。

外星人飛碟向外發光，有時候對地面掃射，就像我們地球人那樣，對地面照射，其目的就是為了用眼睛看清楚地面。

他們有人工場掃描技術，用人工場掃描對地面掃描，可以用飛碟內部的三維立體虛擬電腦螢幕觀察，也可以看清楚地面。

用光對地面掃射，可以直觀的觀察地面。但是，發光掃射地面來觀察，這種情況很少，大部分他們喜歡用人工場掃描來無聲無息地觀察地面。

他們的人工場對外掃射，有時候能夠引起掃射範圍內發光，但是，這種發光一般光線不強，很多情況下是一種淡淡的藍色。

全世界目擊者說看到飛碟在夜晚可以向外發出奇怪的光，看到最多的是橙黃色的光和感覺非常密實的白光。

目擊者報告稱，飛碟發光有單色不變光、多色隨變光、常態光、固體光（即光束能任意收縮或彎曲，甚至出現鋸齒狀），有的光束有透視能力（即照射物體後能使其變成透明），有的能將人吸入飛碟，有的能使人癱瘓或至殘。

飛碟可以發出一節一節前進的光，可以拐彎的光，可以產生很密實的光。

這個都是在外星人的人工場掃描空間並伴隨發光而產生的效果，把人吸進去也是用人工場，並不是光吸的。飛碟可以產生一定功率的人工場，有時候人工場的掃描，會激發空氣產生光，人們誤以為是光把人吸走了。

人工場掃描技術本質也就是人為的操控空間。

空間時刻以光速運動，光的本質就是加速運動電子，產生了反引力場，使電子自身或者附近電子的品質、電荷消失而處於激發狀態，變成了光子，光子是靜止在空間中隨空間一同運動。

外星人他們用的發光技術和我們地球上不一樣。這種看起來很密實的光，能量很大，比普通光的能量要大幾個數量級。

外星人這種奇怪的光不像普通的發光是光子的慣性運動，而是在人工場導引下光子的運動。也就是人工場可以影響空間，讓空間本身運動變化，人工場指引著光子在什麼空間位置出現。

我們地球上的光，只是加速運動電子激發的時候獲得初始能量，以後的光子就是慣性運動。

而外星人的發光，不只是一開始電子激發的時候具有初始能量，光子在以後的運動中，還可以在人工場引導下運動。

人工場的引導，可以使光子拐彎運動，可以使以後能量耗散大大降低，可以使絕大多數的光子，不會輕易轉換時空狀態，仍然保持著零品質、零電荷的激發狀態。

人工場可以抑制紅外線的出現，使光很少發熱，還可以使光子保持在一個固定的頻率和波段，這個和鐳射有點類似。

有目擊者說飛碟具有放射性，飛碟具有放射性，一部分是外星人有意搞的，一部分是技術上難以徹底遮罩飛碟動力和其他系統的放射性，這個如同地球人汽車漏油。一部分是外星人人工場對環境照射產生的放射性。

我仔細地看過外星人飛碟的外表，像兩個倒扣的碟子合在一起，非常明顯的金屬外殼，感覺非常的光滑，毫無焊縫，根本就看不到燈泡之類的東西。

但是，他們能夠隔著金屬外殼，可以向外發出光來。他們有的飛碟沒有門，用人工場掃描對飛碟外殼照射，可以使人無障礙的直接穿過飛碟外殼進出。

所以，我們不難理解外星人可以隔著飛碟金屬外殼，直接向外發光。

我在外星球還看到，外星人室內看不見燈泡，光線像是從所有的牆壁上均勻的向外發出。

他們這種發光形式非常的流行，無論是室內，還是室外，夜晚看到的都是這種發光形式，從來沒有看到從燈泡向外發光的。

外星人在光技術上玩得很流利，特別是在各種虛擬產品和虛擬光線人體上。

他們很多建築都是由光線組成的虛擬建築，就是利用人工場形成一個平面斥力場，然後再鎖著光線，組成一個虛擬牆壁，多塊虛擬牆壁，組成了虛擬建築。

這種牆壁看起來像許多飛舞的小蟲子，給人一種紛紛擾擾的、時刻在舞動的感覺。

他們還用一種紅色的點子，組成了一種機器人，也是給人一種紛紛擾擾、時刻舞動的感覺，像許多飛舞的小蟲子組成了一個人的形狀。

他們的光線虛擬人體，可以說是光技術到了登峰造極的產品。

他們很多人，你看起來和一個真人沒有任何區別，但是，你用手摸，卻像摸空氣，什麼都摸不到。他們的光線虛擬人體，也是利用人工場從一個中心發出，收集一個虛擬人體所在的地方的光線，來塑造一個光線虛擬人體，其效果和一個真實人體受到光線的反射是一模一樣的。

人工場掃描裝置還可以搜集這個光線虛擬人體周圍的一切資訊，交給一個巨型電腦來運算，然後把運算的結果，翻譯成指令，再決定這個光線虛擬人體的下一步動作。

他們的光線虛擬人體，可以相互交流，建立情感和戀愛關係，也可以和肉體人進行交流，建立情感和戀愛關係。

總之，外星人的光技術領域領先我們地球很多代，我們地球上的光技術，仍然有巨大的發展空間。人類如果掌握人工場掃描技術，就可以操縱空間，就可以使光以很奇怪的形式出現。

47. UFO是怎麼防備我們地球人的？

一九八五年那一次，當時是晚上，外星人主動地來我家找我，我被他們帶了出來，有一個外星人看我走近她，她本能地後退，和我保持一段距離，看來，外星人對我們地球人是有防備的、有戒心的。

外星人到了地球，或者到別的有人的星球，都要防備受到攻擊，他們一般用兩種手段來防備。

一種是遠端意識干擾和控制。

外星人駕駛飛碟準備降落到地球某一個地方，會預先用場掃描技術掃描準備降落地點的環境，他們一般會選擇人少的地方降落，防止被我們地球人發現他們。

這種場掃描技術，不但可以看到一個地方的場景，還可以高速移動物體（最高可以達到光速），可以遠端干擾一個人的思想意識，也可以遠端的讀取一個人大腦裡面的思想意識資訊，必要時候，還可以遠端的修改一個人的大腦意識資訊。

處理資訊的人工場掃描裝置一般功率小，結構複雜，伺候的軟體程式複雜。令物體運動的人工場掃描裝置一般功率大，結構要簡單一些，伺候的軟體程式也簡單一些。

當目擊者在遠處看到了外星人，外星人沒有察覺到地球人，這種情況下看到的外星人模樣真實的可能性很大，不過遠處看到的一般不夠清晰。從全世界遇到外星人的事件中，能夠清晰的描述外星人形象的很少。

外星人對於突然遭遇的地球人，為了防止地球人對他們的傷害，防止地球人對他們的瞭解，一般會遠端的干擾、控制地球人的思維。

如果遠端干擾地球人思維不成功，為了不暴露自己，也可能會做出傷害地球人的行為。所以，我們地球人不要刻意的去靠近外星人。外星人有時候抓地球人去做實驗，由於疏忽，可能使地球人喪命，或者懶得送回來，也會造成地球人的傷害。

外星人對付地球人，喜歡遠端干擾、修改地球人思維，他們不喜歡用殺、消滅等暴力手段解決問題，他們喜歡用隱蔽的、靜悄悄的手段對人的思維意識下手，這個是他們的一個特點。但是，某些特殊情況下，他們也可能傷害人類。

有報告說，目擊外星人飛碟現場，很多人說法嚴重不一，這個很多就是外星人干預了人的思維的結果。

外星人駕駛飛碟在空中，對於突然遭遇的地球人戰鬥機、導彈之類的襲擊，他們用大功率的人工場掃描裝置來防備的，主要是令飛機、導彈位置發生變化，或者物理損壞，或者破壞電子設備。

外星人的人工場掃描技術，不但具有處理資訊的能力，同樣也有令物體運動、激發（就是使物體品質、電荷消失變成零，以光速運動狀態）的功能，甚至具有使物體突然消失，使物體從密封環境中移走。

外星人的還用人工場來保護自己的飛碟，他們的飛碟用場這種無形的物質來保護自己，就像地球表面有引力場、電磁場、大氣層來保護自己。所以，很多地球人炮彈、導彈對飛碟的攻擊沒有效果。

外星人飛碟除了外面一層人工場保護層，飛碟自身也有一定的保護自己的能力。

飛碟到了地球上，一般都使飛碟處於準激發狀態，由於飛碟這個時候品質接近於零，按照力學原理，飛碟和別的物體碰撞力幾乎是零。導彈、炮彈接觸到飛碟，飛碟受力幾乎為零，從另一個角度看，我們可以認為，導彈、炮彈對飛碟的作用力為零，不起作用了。

飛碟和空氣的摩擦力為零，所以，可以在空氣中高速的、無聲無息的飛行，飛碟與空氣都沒有作用力，人類的炮彈、導彈對飛碟同樣的不起作用。

但是，這個是有限度的，導彈的爆炸也可能使飛碟時空狀態發生變化，而對飛碟有一定程度損傷。比如，飛碟飛行中，遇到一個星球，也是要避讓的，否則，飛碟撞到星球上，理論上碰撞力為零，但是，有可能使飛碟的零品質時空狀態發生變化，進一步使飛碟發生事故。

下面是地球人對UFO攻擊的事例。

一九五七年七月二十四日，前蘇聯一群「米格—16」戰鬥機正在千島群島的炮兵基地上空進行戰鬥演習。突然，一個三角形飛行物高速向機群飛來，在離機群300公尺的地方驟然緊急剎住，靜靜懸在了空中，令幾名目擊此景的飛行員瞠目結舌。

地面指揮部急忙命令：立即遠離危險區！三角形怪物掉轉屁股，對著機群便噴出一條巨大的火舌，離它最近的一架飛機頓時起火，飛行員急忙跳傘，其餘幾架飛機趕緊向四面飛開。

「立即以炮火還擊！」地面指揮官一聲令下，全島所有的炮火一起對準飛行物，射出一發發炮彈。但絕沒有一發擊中目標！只見飛行物以極快的速度飛離炮火襲擊區，幾秒鐘之內便在人們的視線中消失了。

一九五六年十月八日，日本沖繩島附近突然出現一個UFO，恰好一架西方盟國的戰鬥機在附近實彈打靶，反應迅速的炮手立即向它開炮，令人不解的是炮彈爆炸後UFO紋絲未損，「先下手為強」的戰鬥機卻碎成殘片，機毀人亡。

一九六六年八月的一天，一艘UFO長時間滯留在美國西部某導彈基地附近，精明的美國人充分地拍攝了錄影之後，啟動了該基地的幾乎所有的導彈發射裝置，奇怪的是UFO安然無恙，而所有的裝置卻同時癱瘓。

其中一套最先進的裝置突然被一束神奇的射線「熔為一堆廢鐵！」美國科學家聞訊趕來研究，他們的結論是，把先進的導彈發射裝置還原為廢鐵的，可能是一種類似於人類的高脈衝的東西。

一九五七年九月二十四日，前蘇聯在遠東庫頁島嶼的一個高射炮營向3艘UFO開火，3具「怪物」在炮火中不躲不避地懸停在空中，任憑蘇聯人那玩具般的炮火射擊，卻未損片羽。

另一次，在中亞地區的一個導彈基地上空出現了一個UFO，具有自動跟蹤目標的導彈瞄準了這個UFO，在發射的一剎那，導彈竟自行爆炸，讓前蘇聯軍人自嘗自己的導彈。

20世紀50年代初，在前蘇聯遠東地區，飛碟曾遭到地對空導彈的攻擊。前蘇軍飛行員科拜金，在一次飛行時試圖駕駛殲擊機穿越一團形狀酷似圓盤狀飛碟的雲層，還沒等接近它，飛機就開始猛烈顫抖起來，飛機好像完全停止飛行似的，又像在隕石雨中穿行一樣。

耳機裡響起刺耳的嘈雜聲，耳朵開始變痛，他只好摘下飛行帽，全身難以招架這突如其來的折磨，還沒等飛到那團雲層，就被迫返航了。其他飛行員也都遇到過同類情形。

20世紀70年代，在伊朗首都德黑蘭上空，兩架「幻影」式戰鬥機試圖追擊一個飛碟，可是，當飛碟一進入機載導彈導彈：裝有彈頭和動力裝置並能制導的高速飛行武器。有效射程時，機上的導彈電子發射系統突然失靈了，當它們之間的距離超出有效射程時，一切又恢復正常。

一九七二年秋，挪威海軍司令確信，至少有一個或幾個經常出沒於這一海域的ＵＳＯ（不明潛水物的英文縮寫）中了他們的水下埋伏，事件發生在挪威境內的松恩峽灣峽灣：兩島之間的水域。

挪威海軍在不明潛水物經常出沒的水域裡投下數顆深水炸彈，想把這些水下「不速之客」驅出水面。奇怪的是，海軍連續活動了幾天也毫無收效。就在這時，不知從哪兒鑽出一些神秘的ＵＦＯ，它們在挪威海軍上空盤旋。突然，軍艦上的所有電子裝置全部出現故障。

其實，那些不明潛水物早已逃之夭夭。後來，挪威海軍又向一些不明潛水物發射了命中率極高的現代化「殺手」魚雷。出乎意料的是，這些技術上無與倫比的反潛魚雷不僅沒擊中目標，反而如石沉大海，不翼而飛，消失得無影無蹤。

在經歷無數次失敗之後，那些對ＵＦＯ進行研究的科學家們發出忠告：

當你有幸或不幸遇上ＵＦＯ時，你不要試圖「先下手為強」，因為你是在用彈弓向一輛坦克顯示你的勇敢，將是無畏的，甚至會丟掉生命！

48.人類要製造飛碟，會涉及到那些物理方程式？

最重要的是飛碟動力學方程式，還有飛碟動量方程，飛碟能量方程，變化電磁場產生反引力場方程式，飛碟的時空方程、飛碟通訊信號計算方程等。

飛碟時空方程有點複雜，涉及到了時間、空間的相互轉換，時間勢差概念，相對論、統一場論的時空理論。

其中的時間的勢差概念，我們地球上還完全沒有瞭解這個概念。

49.傳播外星人飛碟帶來什麼麻煩？

外星人、飛碟對於我們地球人，是一個新事物，很多人帶著固有的思維，感到不能理解和接受，這個是正常的反應。

但是，有的人因為不能理解，不能接受，就大肆地攻擊辱 。

有人反覆地問：如果光速運動飛碟品質變成了零，豈不是散了架？飛碟怎麼能夠維持一個整體？光速運動飛碟的零品質，是一個相對論概念，就是我們地面觀察者測量飛碟品質為零，飛碟顧部觀察者發現飛碟品質沒有變化，仍然是原來的數值。

飛碟的時空理論告訴我們，你的時間，他的時間，是不一樣的，你的空間，他的空間是不一樣的。

總之，飛碟很多理論都是反直覺，請你用嚴格的邏輯加數學去分析、思考，要拋棄自己的直覺，並且要具備相對論、統一場論等一些基本物理常識。

50. 一九九八年滄州空軍追趕UFO事件的解讀

一九九八年十月十九日，飛過5個起飛和降落，晚上又參加夜航指揮的李司令員收起資料夾正準備下樓休息。

晚上11時30分，突然，「嗚……嗚……嗚」，1號雷達報警！接著，又有3部雷達報警，空中有一個飛行實體在移動，目標就在機場上空，並迅速向東北方向移動。

與此同時，正在機場工作的地面空勤人員也發現上空有一個亮點，開始像星星，後來變成了並排的兩顆星，一紅一白，兩顆「星」還在不停地旋轉。漸漸地又並成一顆。

「星星」大了，像一個「短腳蘑菇」，下面似乎有很多盞燈，其中一盞較大，不停向地面照射。

李司令員立即警覺起來。他當即下令查明情況，並向上級彙報，然後請戰出擊。

很快，航管部門證實，此時沒有民航機通過這個機場上空，兄弟單位的夜航訓練也已在半小時前結束。李司令員很警惕，立即做出決定：部隊立即進入一級戰備。

11時30分稍後，標圖員報告，飛行物已移至青縣上空並懸停在那裡，高度一千五百公尺。

空軍駐河北滄州某飛行試驗訓練中心的飛行副團長劉明，飛行大隊長胡紹恒，一同駕「殲6」教練機緊急升空，飛到青縣上空，很快發現了那個不明飛行物，上部圓圓的，頂呈弧形，底部很平。下面有一排排的燈，光柱向下照，邊上有一盞紅燈，整體形如草帽。

「靠近它！」李司令員命令。

劉、胡二人推動油門，離「草帽」狀不明飛行物將近四千公尺時，該不明飛行物突然快速上升。二人立即拉杆躍升。當飛機上升到三千公尺，發現目標已飛到飛機的正上方。飛機爬升的速度遠不如不明飛行物。

兩名飛行員便凋轉機頭，下降高度，佯裝離目標而去，那不明飛行物果然尾隨而來。劉、胡二人突然將飛機加力拉起，又一個筋斗倒扣，想以此來搶佔制高點。但當飛機改平飛時，卻發現不明飛行物早又上升到高於飛機二千公尺的位置。劉副團長打開飛機上的火力扳機保險，套住瞄準光環，請示李司令：「司令員，能不能開火？」李司令員指揮道：「不要著急，先看清楚是什麼。」劉、胡二人只好繼續地追趕不明飛行物。

可他們就是追不上那個不明飛行物，當飛機升至一萬二千公尺時，不明飛行物已上升到二萬公尺高空。

這時飛機的油量指示報警，李司令員命令飛機返航，地面雷達繼續跟蹤監視。並命令另外兩架飛機升空繼續追擊不明飛行物，這個時候不明飛行物消失不見了。

當時地面目擊者除空軍地勤人員外，尚有當地群眾140餘人。

滄州市姚官屯鎮附近一個村莊的村民韓育新回憶，一九九八年九十月的一個晚上，大約20時左右，他和妻子一起看到了該村西部上空有一個像掃帚星（即彗星）狀的發光飛行物，拖著光尾向北飛去。

在滄縣薛官屯鄉沙官屯村，村民褚福貴介紹，在一九九八年下半年，當時天還不太冷，連著十幾天，許多村民看到，西北天空中有一個像發光手電筒似的物體，發著白光，看起來長約1公尺，發出的光忽寬忽窄，村民們都說這個物體是「掃帚星」，其兄褚福祥共有四、五個晚上看到這個發光物。褚福祥還提到他在八幾年的一天晚上，曾看到村西部天空中，一個中間發著白光的球形物體懸掛在天空中不動，過了兩三個小時再看時，該物體已逐漸散開，中間僅剩下一顆亮星。

該村村民翟朝良大爺說，他在一九九八年下半年天還不太冷時，曾十回、八回地看到了西北方向的那個掃帚星式的發光物。

滄州市運河區小王莊西華園村的喬中祥、劉希忠等，回憶連續看到掃帚星式發光物，時間約在一九九八年初秋，不早於陽曆8月份。

喬中祥告訴我們，他第一天看到該物體時長約1公尺，第三天最長，五六公尺。一個叫紀萬森的小夥子說他看那個灰白色的發光物共半個月左右。

在小王莊胡嘴子村，村委會主任劉慶春向我們介紹說，一九九八年八九月的一天晚上，19時前後，該村許多在市里工作的村民下班以後回村子，行至運河區小圈村附近時，突然看到一個直徑半公尺左右的大圓球，一眨眼，由東向西從小圈村上空飛過，飛得較低，當時有百十人看到了，村民們議論說鬧飛碟了。

劉村長的兒子劉運鋼當時在家門口賣東西，也看到這個「黑不溜秋」的大圓球在五六百公尺的空緩緩飛過，持續十幾分鐘。稍後還有記者來調查，並做了報導。

滄州市一中附近，某單位退休職工李阿姨說，她在一九九八年秋天的一個晚上，20時前後，她在院子裡散步，突然看到一個比她平時常看到的人造衛星還要大一些的白黃色物體，在滄州市上空，從正北向南飛行，向南飛了兩三米，略作懸停，突然直角拐彎向東飛行，又飛了3公尺左右，突然就消失不見了。

李阿姨感到這物體比她時常看到的人造衛星飛得稍慢些，但速度仍然很快，她僅看了幾十秒，來不及喊別人看。

李阿姨的丈夫鄧先生在一九八六年前的一天深夜，面向南躺著睡覺。突然一片藍白色的刺眼亮光透過窗戶把他驚醒，把他們所住的平房的窗戶照得特別亮，他躺著也能看清楚大院裡的樹和房子，但沒有任何聲音，不知是何物。第二天，同院裡的個別同事也議論昨天深夜看到奇怪亮光的事。

親歷一九九八年滄州空軍追趕UFO事件、後退休的李司令員，向時任科技日報機動部主任的沈英甲記者透露了當時的一些細節：

「兩位有精湛飛行技術的飛行員幾次貼近不明飛行物都發現，在這個碟形不明飛行物下部是一圈綠色燈光，其中有一盞紅燈，它的正下方伸出兩根光柱向下照射。令人吃驚的是，這兩根明亮的光柱並不像我們平常見到的光柱那樣，一直照向遠處並逐漸擴散開，而是像兩根發光的實體，從不明飛行物下部伸出來後在一定長度上便截止了。

至少在今天，人類還沒有掌握如此控制光的技術。」

對外星人這種光技術，我是知道一點。

宇宙中任何物體周圍空間總是以光速向四周發散運動，物體向外發光，光子是加速運動電荷產生反引力場，使電子品質和電荷變成零，處於激發狀態以光速運動起來的。

光子就是靜止在空間中，隨空間的光速運動一同運動。這個就是普通發光的基本原理。

外星人掌握了人工場掃描技術，人工場掃描可以影響空間，通過操縱空間，來操縱空間中存在的光子，所以，他們的光技術，可以使光在空間中一節一節的前進和收縮，還可以拐彎。

我曾經親眼看到他們的飛碟發出一束銀白色的光，感覺非常的密實，照射到地面，像許多銀粉灑在地上。

他們飛碟外表極度光滑，沒有焊縫，沒有突出的燈，也沒有可以隱藏燈的空洞。

原來他們的人工場掃描技術可以使兩個剛體相互穿越，可以使人穿牆而過，並且人和牆完好無損，他們用這種技術可以使燈光透過飛碟的金屬外殼。

沈英甲記者曾問李司令員：「不明飛行物是什麼形狀？」

李司令員伸手捏起了茶几上的茶杯蓋：「就是這個樣子。」

一九九八年十月十九日的中國滄州的「中國飛行員駕機追趕ＵＦＯ的事件」給我們透露出以下資訊：此飛行物是實體飛行器，依據雷達顯示、地面目擊、空中觀察，均認定飛行物是呈「上圓下平」形態的實體飛行器。形象比喻為「短腳蘑菇形」，「草帽形」、「杯蓋形」「碟狀」，底部還有能發射光柱的排燈。其形態與通常所說的飛碟完全相同。雷達、地面、空中三者觀察的一致性，可以排除任何幻視、幻覺的可能性。

從我得知的資訊來看，外星人飛碟底部是一個環形空腔，飛碟起飛、運行的時候，空腔裡面是高速環繞帶電粒子在環繞運動，像我們地球上的環形加速器。

外星人飛碟飛行的基本原理是：宇宙任何物體，如果你使它品質變成零，就在變成零剎那間，會突然以光速運動起來。

飛碟底部環形空腔裡面運行著高速環繞帶電粒子，來產生反引力場，抵消飛碟的品質。飛碟的門一般開在底部，如果開在側面，會阻礙帶電粒子的環繞運動。

從4台雷達「回波顯示」說明，該飛行器的機體外殼是用能反射雷達波的金屬製造的，是百分之百的金屬實體。不存在任何對「不明自然天象」或「大氣物理現象」誤認、誤判的可能。

該不明飛行物是受智慧生物駕駛的受控飛行器：依據該不明飛行物能以人類飛機無法達到的「空中懸停」特技進行低空對地偵察，遭遇飛機追蹤後能應付瞬間事態發展，迅即採取了「搶佔制高點」、「咬尾跟蹤」、「加速逃逸」等一系列靈活反應動作，說明該不明飛行器不屬於「無人駕駛」或「遠端遙控」，而是有技術高超的智慧生物在艙內操縱駕駛。更不是什麼自然現象。

該不明飛行器的飛行原理與人造飛行器截然不同：該不明飛行器沒有機翼、尾翼，也沒有螺旋槳和噴射推進裝置，卻能在空中高速飛行、轉向、升降、懸停，機動靈活，操縱自如，而且各項技術性能均大大超越了目前人類飛行器所能達到的水準。說明其飛行機理顯然與地球人所掌握的空氣動力學原理和航空科技知識截然不同，而且遠為先進。

外星人飛碟的飛行原理是加品質運動，就是飛碟的品質隨時間變化的運動過程。

該不明飛行器動力源與人造飛行器不同：該不明飛行器使用的動力源顯然不是人造飛行器所使用的液體燃油（無油箱、副油箱）、固體推進劑（無燃料艙及尾噴流）、核能（輕盈機體不可能載有厚重的核遮罩裝置）。

該不明飛行器具有遠勝於飛機的無限續航力，在追蹤戰機起飛不久就油量告罄時，這架先於飛機在空中飛行的不明飛行器卻並沒有燃料不足的跡象，仍能持續不斷地飛行、爬高，向遙遠的天際飛馳而去。

外星人飛碟光速飛行時候是慣性運動，在一種激發態，不需要能量，外星人飛碟還可以以微小品質的準激發態運動，這個時候，品質極為微小，消耗的能量極少。

這個不明飛行物施放光源不屬於地球物理光源：該不明飛行器具有「施放光柱在一定長度上截止」的光控技術。

這顯然不是人類現有技術水準所能達到的，也不是地球光學原理所能解釋的。按照李司令員的原話是「至少在今天，人類還沒有掌握如此先進的控光技術」。

一九九八年十月十九日滄州空軍遭遇的不明飛行物，是許多人共同目擊，雷達顯示，戰機追擊，透露出的資訊告訴我們：這個明顯不是別的國家、地球人所造飛行器，地球上根本沒有這種科技。

外星人人工場掃描技術的十大應用

人工場掃描設備是什麼？

人工場掃描設備包括兩大部分，一部分是人工場掃描硬體設備，另一部分是控制人工場掃描設備的軟體。

人工場硬體設備有兩種，一種是人工場掃描發射器，可以向空間中發射人工製造的場，另一種是人工場掃描接受器，可以接受人工場發生器發出的場。

人工場掃描裝置和我們地球上電能裝置類似，是一種基礎的動力源。

我們地球上的發電機把其他能量轉化為電能，用輸電線再把能量輸送到電動機或者用電器上，供用戶使用。發電機是把其他能量轉化為電能，發電機本身不創造能量。

人工場掃描發射器就像發電機，其本身也不能創造能量，只是把其他能量（特別是電能）轉化為場能，對物體照射，可以改變物體的品質、電荷、速度、位置、溫度、所在的空間、所經歷的時間等。或者通過真空把場能傳輸給人工場掃描接收器。

發電機是通過電線把能量輸送到電動機上，而人工場掃描可以通過真空把能量輸送到人工場掃描接收器上的。

相比較電能，人工場發生器不需要電線，通過真空就可以傳輸能量，這個是人工場發生器一個重要的優點。

人工場掃描有什麼具體的用處？

我們知道，電能可以令物體運動、對物體加熱、製冷、產生聲音、產生光、電磁場、處理資訊等。人工場掃描除了具有了電能所有的功能外，還可以影響時空，就是對空間照射，可以影響空間、時間，進而影響空間中存在的物體，令物體運動，還可以影響空間中發生事件的時間歷程。

人工場掃描對對物體照射，可以使物體處於零品質激發狀態（或者接近零品質的準激發狀態），物體一旦處於零品質激發狀態，就以光速運動，還可以穿牆而過，並且對牆和物體都毫無損壞。物體處於準激發狀態，雖然不會以光速運動，但可以穿牆而過，並且，物體和牆都完好無損。

人工場掃描這些獨特的特性，不但可以取代電，是電的升級產品，還具有以下獨特的用處。

1. 造出可以光速飛行的飛碟來

人工場掃描對飛碟照射，可以使飛碟品質變成零，飛碟品質變成零，就會突然以光速運動起來。

2. 建築、工業製造上的冷焊

人工場掃描對物體照射，可以使物體處於準激發狀態，處於準激發狀態的兩個物體，可以相互無阻力的切入對方，這個就叫冷焊。

人工場掃描可以使冷焊大規模使用，使造房子、工程、工業製造的速度百倍的提高，費用百倍的降低，可以在人類生產、生活、醫療——的各個方面創造神話。

3. 人工資訊場掃描

人工場在電子電腦程式控制下工作，叫人工資訊場。

人工資訊場可以對人體冷焊接、激發、加熱，可以高速切割、搬運等功能，可以對分子和原子精確的定位、識別、批量的操作。

人工資訊場還可以在人體內部手術，而不影響外部，手術的時候不要開腸破肚，就可以在人體內部移走物體。

可以快速、徹底移走人體內的癌細胞、病毒等有害物質，簡單粗暴，不要找到發病機理。

人工資訊場這些不可思議的能力，以及和電子電腦完美結合，可以使人類徹底治療各種傳染病、癌症、高血壓、糖尿病、老年癡呆症——等各種急慢性疾病，可以使人類進入無藥物時代。

人工資訊場減肥、整容、雕塑人體型的效果神奇到不可思議，而且人毫無痛苦，

4.瞬間消失運動——全球運動網

利用人工場掃描，可以造出全球運動網。全球運動網建成，大家出門旅行，只要帶一個手機，把自己的運動請求發給全球運動網，全球運動網用人工場掃描對人一照射，人就立即消失，在自己想要的地方出現。

全球運動網可以使人員和商品在一秒鐘之內出現在全球任何一個地方，包括在密封的房間同樣做到。但是，全球運動網作用範圍只能在一個星球上，到別的星球，只能坐飛碟。

5.全球大規模無導線導電

這個是利用人工場掃描發射場能量，等於是通過純淨的真空來導電，能量耗散低，對環境幾乎沒有影響，用電器只要連著閉合線圈就可以接收電能，線圈斷開就沒有電能了，這樣方便控制。

如果我們不嚴格的區分電能和場能之間的區別，可以把全球無導電中心理解為全球中心能量場，

就是從太空中幾個點向全球提供能量（叫場能或者電能，只是我們人的叫法）。

6.彙聚太陽能接收器

人工場掃描設備對空間照射，通過影響、壓縮空間，進而可以把空間中太陽光子吸收下來，可以在一平方公尺上接受上萬平方公尺太陽能，解決人類能源危機，而且能源廉價，幾乎可是免費的。彙聚太陽能接收器還可以人為的減少某一個地方的太陽能，結合電子電腦分析，來強力的控制、調節天氣，避免有害天氣的出現。

7.無限壓縮空間儲存、傳輸資訊技術

宇宙任意一處空間可以存儲整個宇宙資訊，空間還可以無限壓縮。

利用人工場掃描處理資訊，由於場的本質就是螺旋式運動空間，等於利用空間來儲存、傳輸資訊，人工場掃描可以使人類資訊技術的升級。

8.虛擬建築和光線虛擬人體

利用人工場對空間施加影響，比如影響一個平面，這個平面可以對運動經過的物體產生阻擋力，再用人工場鎖住光線，使這個平面染上顏色，這樣，就可以產生一個虛擬平面，這個虛擬平面可以當做一堵水泥牆，利用這個虛擬牆就可以組成各種虛擬建築。

人工場掃描還可以使人體虛擬化，由光線組成的虛擬人體會在地球上大規模的流行起來。人工場掃描技術，可以使很多產品都是虛擬的，將來的電腦、手機，與處理資訊相關的產品可以完全虛擬化。

全球幾十億人都可以使用一台虛擬手機或者電腦，使用者可以迅速的在自己身邊出現三維立體虛擬影像和聲音，不用時候可以立即消失。

9.時空冰箱

我們把食物儲存在時空冰箱裡，雖然裡面的溫度和外面的一致，但是這種時空冰箱在人工場的照射下，我們在外面已經過了一年，裡面的時間才過了一秒，所以，這種冰箱保存食物的保鮮程度是普通冰箱望塵莫及的。

反過來，裡面過了一年，外面才過一秒，也可以實現的。

時空冰箱基本原理就是人工場對空間照射，可以改變空間裡面的一切事件時間流逝的快慢。

10.意識讀取、存儲的場掃描技術

人的意識和思維是人大腦中運動的帶電粒子、離子的運動形式，會對空間施加擾動效應。

人工場掃描設備發出場這種無形物質，深入到人大腦內部，可以無損傷的掃描記錄這些空間擾動效應，這樣可以讀取、記錄人的意識和記憶信息，從而進一步的把人的意識資訊拷貝下來，數位化後，儲存在電子電腦中。

待幾百年後人類科技發展到一定程度，再把這些意識資訊安裝在某一個生物體上，使人復活，這樣人的長生不老可以變成現實。

這種場掃描技術也可以改變教育模式，可以高速向人大腦輸送死記硬背之類的知識，使人學習時間大大縮短。

人工場掃描是人腦和電腦、互聯網對接唯一可行的理想工具，電磁波、超聲波、X光子、電子、鐳射等別的東西深入到人大腦裡，都會破壞人大腦的。

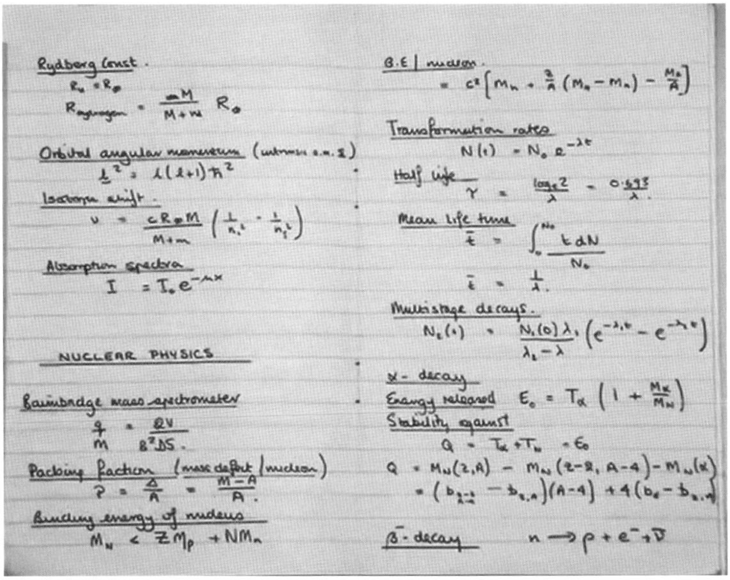

$$\frac{d\,m\vec{v}}{dt} = m\frac{d\vec{v}}{dt} = \vec{F}$$

$$m(\vec{c} - \vec{v}) = \vec{P}$$

$$(\vec{C} - \vec{V})\frac{dm}{dt} = \vec{F}$$

$$(\vec{C} - \vec{V})\frac{dm}{dt} = \vec{F}$$

飛碟動力學方程式，作者手稿

外星人超前科技的十大應用一旦被開發，可以使人類天翻地覆，飛機、輪船、汽車、電網、發電廠、高速公路、機場、鐵路、大部分橋樑——等等將消失，或者被更先進的東西取代。

那時候人工場可以取代電，由於電使用的廣泛性，所以人工場取代電可以在人類各個領域對人類產生深遠的影響。

國家圖書館出版品預行編目（CIP）資料

果克星驚驗之旅 / 張祥前著. -- 初版. -- 新北市：大喜文化有限公司, 2023.05
面；　公分. --（星際傳訊 ; STU11105）

ISBN 978-626-97255-1-9（平裝）

1.CST: 外星人 2.CST: 不明飛行體

326.96　　112005738

星際傳訊 STU11105

果克星驚驗之旅

作　　者：張祥前
編　　輯：謝文綺
發 行 人：梁崇明
出 版 者：大喜文化有限公司
封面設計：大千出版社
登 記 證：行政院新聞局局版台省業字第 244 號
P.O.BOX ：中和市郵政第 2-193 號信箱
發 行 處：23556 新北市中和區板南路 498 號 7 樓之 2
電　　話：02-2223-1391
傳　　真：02-2223-1077
E-Mail：joy131499@gmail.com
銀行匯款：銀行代號：050　帳號：002-120-348-27
　　　　　臺灣企銀　帳戶：大喜文化有限公司
劃撥帳號：5023-2915，帳戶：大喜文化有限公司
總經銷商：聯合發行股份有限公司
地　　址：231 新北市新店區寶橋路 235 巷 6 弄 6 號 2 樓
電　　話：02-2917-8022
傳　　真：02-2915-7212
出版日期：2023 年 5 月
流 通 費：新台幣 399 元
網　　址：www.facebook.com/joy131499
I S B N：978-626-97255-1-9